普通高等院校"十二五"规划教材

数学建模算法与应用
习题解答

司守奎 孙玺菁 张德存 周刚 韩庆龙 编著

国防工业出版社

·北京·

内 容 简 介

本书是国防工业出版社出版的《数学建模算法与应用》的配套书籍。本书给出了《数学建模算法与应用》中全部习题的解答及程序设计,另外针对选修课的教学内容,又给出一些补充习题及解答。

本书的程序来自于教学实践,有许多经验心得体现在编程的技巧中。这些技巧不仅实用,也很有特色。书中提供了全部习题的程序,可以将这些程序直接作为工具箱来使用。

本书可作为讲授数学建模课程和辅导数学建模竞赛的教师的参考资料,也可作为《数学建模算法与应用》自学者的参考书,也可供参加数学建模竞赛的本科生和研究生以及科技工作者使用。

图书在版编目(CIP)数据

数学建模算法与应用习题解答/司守奎等编著. —北京:国防工业出版社,2016.8 重印
普通高等院校"十二五"规划教材
ISBN 978-7-118-08543-3

Ⅰ.①数… Ⅱ.①司… Ⅲ.①数学模型—高等学校—题解 Ⅳ.①O141.4-44

中国版本图书馆 CIP 数据核字(2013)第 001100 号

※

国防工业出版社出版发行
(北京市海淀区紫竹院南路23号 邮政编码100048)
三河市众誉天成印务有限公司印刷
新华书店经售

*

开本 787×1092 1/16 印张 10½ 字数 240 千字
2016 年 8 月第 1 版第 4 次印刷 印数 8001—11000 册 定价 25.00 元

(本书如有印装错误,我社负责调换)

国防书店:(010)88540777 发行邮购:(010)88540776
发行传真:(010)88540755 发行业务:(010)88540717

前 言

本书是国防工业出版社出版的《数学建模算法与应用》的配套书籍。《数学建模算法与应用》的前7章、第14章和第15章可以作为选修课的讲授内容,其余部分可以作为数学建模竞赛的培训内容。对于选修课部分的章节,我们又补充了一些习题,并且给出了全部习题的解答及程序设计。

习题是消化领会教材和巩固所学知识的重要环节,是学习掌握数学建模理论和方法不可或缺的手段。学习数学建模的有效方法之一是实例研究,实例研究需要亲自动手,认真做一些题目,包括构造模型、设计算法、上机编程求解模型。书中提供了全部习题的程序,因而读者不仅可以从中学到解题的方法,还可以将这些程序直接作为工具箱来使用。

对于数学建模的一些综合性题目,本书提供的解答可以作为参考,因为这类题目的解答是不唯一的。作为读者,应该努力开发自己的想象力和创造力,争取构造有特色的模型。作者希望学习数学建模的读者,对于这部分综合性题目不要先看本书给出的解答,可以等自己做出来之后,再与本书解答比较。

由于作者水平有限,书中难免有不妥和错误之处,恳请广大读者批评指正。

最后,作者十分感谢国防工业出版社对本书出版所给予的大力支持,尤其是责任编辑丁福志的热情支持和帮助。

需要本书源程序电子文档的读者,可以用电子邮件联系索取:896369667@qq.com,sishoukui@163.com。

目 录

第 1 章　线性规划习题解答 ··· 1
第 2 章　整数规划习题解答 ··· 13
第 3 章　非线性规划习题解答 ··· 26
第 4 章　图与网络模型及方法习题解答 ··· 33
第 5 章　插值与拟合习题解答 ··· 56
第 6 章　微分方程建模习题解答 ··· 64
第 7 章　目标规划习题解答 ··· 81
第 8 章　时间序列习题解答 ··· 87
第 9 章　支持向量机习题解答 ··· 102
第 10 章　多元分析习题解答 ··· 106
第 11 章　偏最小二乘回归分析习题解答 ··· 130
第 12 章　现代优化算法习题解答 ··· 136
第 13 章　数字图像处理习题解答 ··· 143
第 14 章　综合评价与决策方法习题解答 ··· 147
第 15 章　预测方法习题解答 ··· 153
参考文献 ··· 162

第 1 章 线性规划习题解答

1.1 分别用 Matlab 和 Lingo 求解下列线性规划问题：

$$\max z = 3x_1 - x_2 - x_3,$$

$$\text{s. t.} \begin{cases} x_1 - 2x_2 + x_3 \leq 11, \\ -4x_1 + x_2 + 2x_3 \geq 3, \\ -2x_1 + x_3 = 1, \\ x_1, x_2, x_3 \geq 0. \end{cases}$$

解 （1）求解的 Matlab 程序如下：
```
clc, clear
c = [3 -1 -1]';
a = [1 -2 1; 4 -1 -2]; b = [11, -3]';
aeq = [-2 0 1]; beq = 1;
[x,y] = linprog(-c,a,b,aeq,beq,zeros(3,1))
y = -y  % 换算到目标函数极大化
```
求得

$$x_1 = 4, x_2 = 1, x_3 = 9, z = 2.$$

（2）求解的 Lingo 程序如下：
```
model:
sets:
col/1..3/:c,x;
row/1..2/:b;
links(row,col):a;
endsets
data:
c = 3 -1 -1;
a = 1 -2 1 4 -1 -2;
b = 11 -3;
enddata
max = @sum(col:c*x);
@for(row(i):@sum(col(j):a(i,j)*x(j))<b(i));
-2*x(1)+x(3)=1;
end
```

1.2 分别用 Matlab 和 Lingo 求解下列规划问题：

$$\min z = |x_1| + 2|x_2| + 3|x_3| + 4|x_4|,$$

1

$$\text{s.t.} \quad x_1 - x_2 - x_3 + x_4 = 0,$$
$$x_1 - x_2 + x_3 - 3x_4 = 1,$$
$$x_1 - x_2 - 2x_3 + 3x_4 = -\frac{1}{2}.$$

解 先把模型做变量替换,化成线性规划模型,详细内容参见本章例1.4。
(1) 求解的 Matlab 程序如下:
```
clc, clear
c =1:4; c =[c,c]';
aeq =[1 -1 -1 1;1 -1 1 -3;1 -1 -2 3];
beq =[0 1 -1/2];
aeq =[aeq, -aeq];
[uv,val] = linprog(c,[ ],[ ],aeq,beq,zeros(8,1))
x = uv(1:4) - uv(5:end)
```
求得
$$x_1 = 0.25, x_2 = 0, x_3 = 0, x_4 = -0.25$$

(2) 使用 Lingo 软件求解时,Lingo 软件会自动线性化,计算的 Lingo 程序如下:
```
model:
sets:
col/1..4/:c,x;
row/1..3/:b;
links(row,col):a;
endsets
data:
c =1 2 3 4;
a =1 -1 -1 1 1 -1 1 -3 1 -1 -2 3;
b =0 1 -0.5;
enddata
min = @sum(col:c * @abs(x));
@for(row(i):@sum(col(j):a(i,j) * x(j))=b(i));
@for(col:@free(x));! x 的取值可正可负;
end
```

1.3 某厂生产三种产品Ⅰ,Ⅱ,Ⅲ。每种产品要经过A,B两道工序加工。设该厂有两种规格的设备能完成A工序,它们以A_1,A_2表示;有三种规格的设备能完成B工序,以B_1,B_2,B_3表示。产品Ⅰ可在A,B任何一种规格设备上加工。产品Ⅱ可在任何规格的A设备上加工,但完成B工序时,只能在B_1设备上加工;产品Ⅲ只能在A_2与B_2设备上加工。已知在各种机床设备的单件工时、原材料费、产品销售价格、各种设备有效台时以及满负荷操作时机床设备的费用如表1.1所列,求安排最优的生产计划,使该厂利润最大。

2

表 1.1 生产的相关数据

设备	产品 I	产品 II	产品 III	设备有效台时	满负荷时的设备费用/元
A_1	5	10		6000	300
A_2	7	9	12	10000	321
B_1	6	8		4000	250
B_2	4		11	7000	783
B_3	7			4000	200
原料费/(元/件)	0.25	0.35	0.50		
单 价/(元/件)	1.25	2.00	2.80		

解 对产品 I 来说,设以 A_1, A_2 完成 A 工序的产品分别为 x_1, x_2 件,转入 B 工序时,以 B_1, B_2, B_3 完成 B 工序的产品分别为 x_3, x_4, x_5 件;对产品 II 来说,设以 A_1, A_2 完成 A 工序的产品分别为 x_6, x_7 件,转入 B 工序时,以 B_1 完成 B 工序的产品为 x_8 件;对产品 III 来说,设以 A_2 完成 A 工序的产品为 x_9 件,则以 B_2 完成 B 工序的产品也为 x_9 件。由上述条件,得

$$x_1 + x_2 = x_3 + x_4 + x_5,$$
$$x_6 + x_7 = x_8.$$

由题目所给的数据可建立如下线性规划模型:

$$\min \ z = (1.25 - 0.25)(x_1 + x_2) + (2 - 0.35)x_8 + (2.8 - 0.5)x_9$$
$$- \frac{300}{6000}(5x_1 + 10x_6) - \frac{321}{10000}(7x_2 + 9x_7 + 12x_9)$$
$$- \frac{250}{4000}(6x_3 + 8x_8) - \frac{783}{7000}(4x_4 + 11x_9) - \frac{200}{4000} \times 7x_5,$$

$$\text{s.t.} \begin{cases} 5x_1 + 10x_6 \leq 6000, \\ 7x_2 + 9x_7 + 12x_9 \leq 10000, \\ 6x_3 + 8x_8 \leq 4000, \\ 4x_4 + 11x_9 \leq 7000, \\ 7x_5 \leq 4000, \\ x_1 + x_2 = x_3 + x_4 + x_5, \\ x_6 + x_7 = x_8, \\ x_i \geq 0, i = 1, 2, \cdots, 9. \end{cases}$$

求解的 Lingo 程序如下:
```
model:
sets:
product/1..3/:a,b;
row/1..5/:c,d,y; ! y 为中间变量;
num/1..9/:x;
endsets
```

```
data:
a = 0.25 0.35 0.5;
b = 1.25 2 2.8;
c = 6000 10000 4000 7000 4000;
d = 300 321 250 783 200;
enddata
max = (b(1) - a(1)) * (x(1) + x(2)) + (b(2) - a(2)) * x(8) + (b(3) - a(3)) * x(9) -
@sum(row: d/c * y);
y(1) = 5 * x(1) + 10 * x(6); ! 写出中间变量之间的关系;
y(2) = 7 * x(2) + 9 * x(7) + 12 * x(9);
y(3) = 6 * x(3) + 8 * x(8);
y(4) = 4 * x(4) + 11 * x(9);
y(5) = 7 * x(5);
@for(row: y < c); ! 写出不等式约束;
x(1) + x(2) = x(3) + x(4) + x(5); ! 写出等式约束;
x(6) + x(7) = x(8);
end
```

求得最优解为

$$x_1 = 1200, x_2 = 230.0493, x_3 = 0, x_4 = 858.6207,$$
$$x_5 = 571.4286, x_6 = 0, x_7 = 500, x_8 = 500, x_9 = 324.1379.$$

最优值为 $z = 1146.567$ 元。

该题实际上应该为整数规划问题(Lingo 程序中加约束 @for(num: @gin(x));)。对应整数规划的最优解为

$$x_1 = 1200, x_2 = 230, x_3 = 0, x_4 = 859,$$
$$x_5 = 571, x_6 = 0, x_7 = 500, x_8 = 500, x_9 = 324.$$

最优值为 $z = 1146.414$ 元。

1.4 一架货机有三个货舱:前舱、中舱和后舱。三个货舱所能装载的货物的最大重量和体积有限制如表 1.2 所列。并且为了飞机的平衡,三个货舱装载的货物重量必须与其最大的容许量成比例。

表 1.2 货舱数据

	前舱	中舱	后舱
重量限制/t	10	16	8
体积限制/m^3	6800	8700	5300

现有四类货物用该货机进行装运,货物的规格以及装运后获得的利润如表 1.3 所列。

表 1.3 货物规格及利润表

	重量/t	空间/(m^3/t)	利润/(元/t)
货物 1	18	480	3100
货物 2	15	650	3800

(续)

	重量/t	空间/(m³/t)	利润/(元/t)
货物 3	23	580	3500
货物 4	12	390	2850

假设:
（1）每种货物可以无限细分;
（2）每种货物可以分布在一个或者多个货舱内;
（3）不同的货物可以放在同一个货舱内,并且可以保证不留空隙。
问应如何装运,使货机飞行利润最大?

解 用 $i=1,2,3,4$ 分别表示货物 1,货物 2,货物 3 和货物 4;$j=1,2,3$ 分别表示前舱,中舱和后舱。设 $x_{ij}(i=1,2,3,4,j=1,2,3,4)$ 表示第 i 种货物装在第 j 个货舱内的重量,$w_j,v_j(j=1,2,3)$ 分别表示第 j 个舱的重量限制和体积限制,$a_i,b_i,c_i(i=1,2,3,4)$ 分别表示可以运输的第 i 种货物的重量,单位重量所占的空间和单位货物的利润,则

（1）目标函数为

$$z = c_1\sum_{j=1}^{3}x_{1j} + c_2\sum_{j=1}^{3}x_{2j} + c_3\sum_{j=1}^{3}x_{3j} + c_4\sum_{j=1}^{3}x_{4j} = \sum_{i=1}^{4}c_i\sum_{j=1}^{3}x_{ij}$$

（2）约束条件。

① 四种货物的重量约束为

$$\sum_{j=1}^{3}x_{ij} \leq a_i, i=1,2,3,4.$$

② 三个货舱的重量限制为

$$\sum_{i=1}^{4}x_{ij} \leq w_j, j=1,2,3.$$

③ 三个货舱的体积限制为

$$\sum_{i=1}^{4}b_ix_{ij} \leq v_j, j=1,2,3.$$

④ 三个货舱装入货物的平衡限制为

$$\frac{\sum_{i=1}^{4}x_{i1}}{10} = \frac{\sum_{i=1}^{4}x_{i2}}{16} = \frac{\sum_{i=1}^{4}x_{i3}}{8}.$$

综上所述,建立如下线性规划模型:

$$\max \quad z = \sum_{i=1}^{4}c_i\sum_{j=1}^{3}x_{ij},$$

$$\text{s.t.} \begin{cases} \sum_{j=1}^{3}x_{ij} \leq a_i, i=1,2,3,4, \\ \sum_{i=1}^{4}x_{ij} \leq w_j, j=1,2,3, \\ \sum_{i=1}^{4}b_ix_{ij} \leq v_j, j=1,2,3, \\ \dfrac{\sum_{i=1}^{4}x_{i1}}{10} = \dfrac{\sum_{i=1}^{4}x_{i2}}{16} = \dfrac{\sum_{i=1}^{4}x_{i3}}{8}. \end{cases}$$

求解上述线性规划模型时,尽量用 Lingo 软件,如果使用 Matlab 软件求解,需要做变量替换,把二维决策变量化成一维决策变量,很不方便。

编写如下 Matlab 程序:

```
clc,clear
c =[3100;3800;3500;2850];
c = c * ones(1,3);
c = c(:);
a1 = zeros(4,12);
for i =1:4
    a1(i,i:4:12) =1;
end
b1 =[18;15;23;12];
a2 = zeros(3,12);
for i =1:3
    a2(i,4*i-3:4*i) =1;
end
b2 =[10 16 8]';
bb =[480;650;580;390];
a3 = zeros(3,12);
for j =1:3
    a3(j,4*j-3:4*j) = bb;
end
b3 =[6800 8700 5300]';
a =[a1;a2;a3];b =[b1;b2;b3];
aeq = zeros(2,12);
aeq(1,1:4) =1/10;
aeq(1,5:8) = -1/16;
aeq(2,5:8) =1/16;
aeq(2,9:12) = -1/8;
beq = zeros(2,1);
[x,y] = linprog( -c,a,b,aeq,beq,zeros(12,1));
x = reshape(x,[4,3]);
x = sum(x'),y = -y
```

求得运输四种货物的吨数分别为 0t、15t、15.9474t、3.0526t,总利润为 1.2152×10^5 元。

求解的 Lingo 程序如下:

```
model:
sets:
wu/1..4/:a,b,c,y;  !y为四种物资的量;
```

```
cang/1..3/:w,v;
link(wu,cang):x;
endsets
data:
a = 18 15 23 12;
b = 480 650 580 390;
c = 3100 3800 3500 2850;
w = 10 16 8;
v = 6800  8700  5300;
enddata
max = @sum(wu(i):c(i) * @sum(cang(j):x(i,j)));
@for(wu(i):@sum(cang(j):x(i,j)) < a(i));
@for(cang(j):@sum(wu(i):x(i,j)) < w(j));
@for(cang(j):@sum(wu(i):b(i) * x(i,j)) < v(j));
@for(cang(j) |j#le#2:@sum(wu(i):x(i,j))/w(j) = @sum(wu(i):x(i,j+1))/w(j+1));
@for(wu(i):y(i) = @sum(cang(j):x(i,j)));
end
```

补 充 习 题

1.5 用 Lingo 编程,并将最终运算结果保存为文本文件。

$$\min 132x_{11} + 100x_{13} + 103x_{14} + 91x_{22} + 100x_{23} + 100x_{24} + 106x_{31} + 89x_{32} + 100x_{33} + 98x_{34},$$

$$\text{s. t.} \begin{cases} x_{11} + x_{21} + x_{31} = 62, \\ x_{12} + x_{22} + x_{32} = 83, \\ x_{13} + x_{23} + x_{33} = 39, \\ x_{14} + x_{24} + x_{34} = 91, \\ x_{ij} \geq 0, i,j = 1,2,3,4. \end{cases}$$

解 求解的 Lingo 程序如下:

```
model:
sets:
row/1..3/;
col/1..4/:b;
link(row,col):c,x;
endsets
data:
b = 62 83 39 91;
c = 132  0  100 103
```

```
    0  91   100 100
  106 89   100  98;
@text('ex.txt') = @table(x);！把计算结果以表格形式输出到外部纯文本文件;
enddata
min = @sum(link:c * x);
@for(col(j):@sum(row(i):x(i,j)) = b(j));
end
```

1.6 某部门在今后五年内考虑给下列项目投资,已知:

项目 A,从第一年到第四年每年年初需要投资,并于次年末回收本利115%;

项目 B,从第三年初需要投资,到第五年末能回收本利125%,但规定最大投资额不超过4万元;

项目 C,第二年初需要投资,到第五年末能回收本利140%,但规定最大投资额不超过3万元;

项目 D,五年内每年初可购买公债,于当年末归还,并加利息6%。

该部门现有资金10万元,问它应如何确定给这些项目每年的投资额,使到第五年末拥有的资金的本利总额为最大?

解 用 $j=1,2,3,4$ 分别表示项目 A,B,C,D,用 $x_{ij}(i=1,2,3,4,5)$ 分别表示第 i 年初给项目 A,B,C,D 的投资额。根据给定的条件,对于项目 A 存在变量 $x_{11},x_{21},x_{31},x_{41}$;对于项目 B 存在变量 x_{32};对于项目 C 存在的变量 x_{23};对于项目 D 存在变量 $x_{14},x_{24},x_{34},x_{44},x_{54}$。

该部门每年应把资金全部投出去,手中不应当有剩余的呆滞资金。

第一年的资金分配为
$$x_{11} + x_{14} = 100000.$$

第二年初部门拥有的资金是项目 D 在第一年末回收的本利,于是第二年的投资分配为
$$x_{21} + x_{23} + x_{24} = 1.06x_{14}.$$

第三年初部门拥有的资金是项目 A 第一年投资及项目 D 第二年投资中回收的本利总和。于是第三年的资金分配为
$$x_{31} + x_{32} + x_{34} = 1.15x_{11} + 1.06x_{24}.$$

类似地,得

第四年的资金分配为
$$x_{41} + x_{44} = 1.15x_{21} + 1.06x_{34}.$$

第五年的资金分配为
$$x_{54} = 1.15x_{31} + 1.06x_{44}.$$

此外,项目 B,C 的投资额限制,即
$$x_{32} \leq 40000, x_{23} \leq 30000.$$

问题是要求在第五年末该部门手中拥有的资金额达到最大,目标函数可表示为
$$\max z = 1.15x_{41} + 1.40x_{23} + 1.25x_{32} + 1.06x_{54}.$$

综上所述,数学模型为

$$\max z = 1.15x_{41} + 1.40x_{23} + 1.25x_{32} + 1.06x_{54},$$

$$\text{s.t.} \begin{cases} x_{11} + x_{14} = 100000, \\ x_{21} + x_{23} + x_{24} = 1.06x_{14}, \\ x_{31} + x_{32} + x_{34} = 1.15x_{11} + 1.06x_{24}, \\ x_{41} + x_{44} = 1.15x_{21} + 1.06x_{34}, \\ x_{54} = 1.15x_{31} + 1.06x_{44}, \\ x_{32} \leqslant 40000, x_{23} \leqslant 30000, \\ x_{ij} \geqslant 0, \quad i=1,2,3,4,5; j=1,2,3,4. \end{cases}$$

计算的 Lingo 程序如下：
```
model:
sets:
row/1..5/;
col/1..4/;
link(row,col):x;
endsets
max=1.15*x(4,1)+1.4*x(2,3)+1.25*x(3,2)+1.06*x(5,4);
x(1,1)+x(1,4)=100000;
x(2,1)+x(2,3)+x(2,4)=1.06*x(1,4);
x(3,1)+x(3,2)+x(3,4)=1.15*x(1,1)+1.06*x(2,4);
x(4,1)+x(4,4)=1.15*x(2,1)+1.06*x(3,4);
x(5,4)=1.15*x(3,1)+1.06*x(4,4);
x(3,2)<40000; x(2,3)<30000;
end
```

1.7 食品厂用三种原料生产两种糖果，糖果的成分要求和销售价如表 1.4 所列。

表 1.4 糖果有关数据

	原料 A	原料 B	原料 C	价格/(元/kg)
高级奶糖	≥50%	≥25%	≤10%	24
水果糖	≤40%	≤40%	≥15%	15

各种原料的可供量和成本如表 1.5 所列。

表 1.5 各种原料数据

原料	可供量/kg	成本/(员/kg)
A	500	20
B	750	12
C	625	8

该厂根据订单至少需要生产 600kg 高级奶糖，800kg 水果糖，为求最大利润，试建立线性规划模型并求解。

解 用 $i=1,2$ 分别表示高级奶糖和水果糖，用 $j=1,2,3$ 分别表示原料 A,B,C。设 x_{ij}

9

($i=1,2, j=1,2,3$)表示生产第 i 种糖用的第 j 种原料的量，a_i 表示第 i 种糖果的需求量，b_j 表示第 j 种原料的可供量。

总利润为销售总收入与原料总成本之差，总利润为
$$z = 24(x_{11} + x_{12} + x_{13}) + 15(x_{21} + x_{22} + x_{23}) - 20(x_{11} + x_{21}) - 12(x_{12} + x_{22}) - 8(x_{13} + x_{23})$$
$$= 4x_{11} + 12x_{12} + 16x_{13} - 5x_{21} + 3x_{22} + 7x_{23}.$$

因而建立如下线性规划模型：
$$\max \quad z = 4x_{11} + 12x_{12} + 16x_{13} - 5x_{21} + 3x_{22} + 7x_{23},$$
$$\text{s.t.} \begin{cases} \sum_{j=1}^{3} x_{ij} \geq a_i, i = 1, 2, \\ \sum_{i=1}^{2} x_{ij} \leq b_j, j = 1, 2, 3, \\ x_{11} \geq 50\%(x_{11} + x_{12} + x_{13}), \\ x_{12} \geq 25\%(x_{11} + x_{12} + x_{13}), \\ x_{13} \leq 10\%(x_{11} + x_{12} + x_{13}), \\ x_{21} \leq 40\%(x_{21} + x_{22} + x_{23}), \\ x_{22} \leq 40\%(x_{21} + x_{22} + x_{23}), \\ x_{23} \geq 15\%(x_{21} + x_{22} + x_{23}), \\ x_{ij} \geq 0, i = 1, 2, j = 1, 2, 3. \end{cases}$$

计算的 Lingo 程序如下：
```
model:
sets:
tang/1..2/:a;
liao/1..3/:b;
link(tang,liao):c,x;
endsets
data:
a = 600,800;
b = 600,750,625;
c = 4,12,16,-5,3,7;
enddata
max = @sum(link:c*x);
@for(tang(i):@sum(liao(j):x(i,j))>a(i));
@for(liao(j):@sum(tang(i):x(i,j))<b(j));
x(1,1) >0.5*@sum(liao(j):x(1,j));
x(1,2) >0.25*@sum(liao(j):x(1,j));
x(1,3) <0.1*@sum(liao(j):x(1,j));
x(2,1) <0.4*@sum(liao(j):x(2,j));
x(2,2) <0.4*@sum(liao(j):x(2,j));
x(2,3) >0.15*@sum(liao(j):x(2,j));
```

end

1.8 求解下列线性规划问题（要求分别用 Matlab 和 Lingo 编程），其中的矩阵 $A = (a_{ij})_{100 \times 150}$ 放在 Matlab 数据文件 data.mat 中。

$$\max v,$$
$$\text{s.t.} \begin{cases} \sum_{i=1}^{100} a_{ij}x_i \geq v, j = 1,2,\cdots,150, \\ \sum_{i=1}^{100} x_i = 1, \\ x_i \geq 0, \quad i = 1,2,\cdots,100. \end{cases}$$

解 （1）Matlab 程序如下：
```
clear,clc
load data
f=[zeros(100,1);-1];
a=[-A',ones(150,1)];b=zeros(150,1);
aeq=[ones(1,100) 0];beq=1;
lb=[zeros(100,1);-inf];ub=[ones(100,1);inf];
x=linprog(f,a,b,aeq,beq,lb,ub);
v=x(end)
```

（2）用 Lingo 编程，必须把数据通过纯文本文件或 Excel 文件传递到 Lingo 程序中。

① mat 数据转化到 txt 文件数据，后由 Lingo 读取。在 Matlab 下将 mat 数据转到 txt 数据的程序如下：
```
load data
fid=fopen('data1_1.txt','w');
fprintf(fid,'%8.4f\n',A);
fclose(fid);
```

② mat 数据转化到 Excel 文件数据，后由 Lingo 读取。在 Matlab 下调用 xlswrite 命令，生成 Excel 文件。
```
load data
xlswrite('book1_1.xls',A);
```

然后打开 Excel 文件，定义域名（两种方式，选中所用数据，在 Excel 左上角输入框中输入域名，或者按照步骤插入→名称→定义，输入域名，建议与 Lingo 下需要赋值的变量同名）。

注：所有的数据文件和程序文件要放在同一个目录下。

数据构造好后，利用 Lingo 求解线性规划的程序如下：
```
model:
sets:
row/1..100/:x;
col/1..150/:b;
link(row,col):A;
endsets
```

```
data:
A = @file('data1_1.txt');
!A = @ole('book1_1.xls',a);! 如果域名与属性名相同时可以省略;
enddata
max = v;
@for(col(j):@sum(link(i,j):A(i,j)*x(i))>v);
@sum(row:x)=1;
@free(v);! 变量 v 的取值可正可负
end
```

第 2 章　整数规划习题解答

2.1 试将下述非线性的 0 – 1 规划问题转换成线性的 0 – 1 规划问题：

$$\max \quad z = x_1 + x_1 x_2 - x_3,$$
$$\text{s. t.} \begin{cases} -2x_1 + 3x_2 + x_3 \leqslant 3, \\ x_j = 0 \text{ 或 } 1, j = 1,2,3. \end{cases}$$

解　做变量替换 $y = x_1 x_2$，则有如下关系：

$$x_1 + x_2 - 1 \leqslant y \leqslant x_1,$$
$$x_1 + x_2 - 1 \leqslant y \leqslant x_2.$$

从而可以得到如下线性 0 – 1 规划：

$$\max \quad z = x_1 + y - x_3,$$
$$\text{s. t.} \begin{cases} -2x_1 + 3x_2 + x_3 \leqslant 3, \\ x_1 + x_2 - 1 \leqslant y \leqslant x_1, \\ x_1 + x_2 - 1 \leqslant y \leqslant x_2, \\ x_j = 0 \text{ 或 } 1, \quad j = 1,2,3, \\ y = 0 \text{ 或 } 1. \end{cases}$$

2.2 某市为方便小学生上学，拟在新建的 8 个居民小区 $A_1, A_2, \cdots, A_8$ 增设若干所小学，经过论证知备选校址有 $B_1, B_2, \cdots, B_6$，它们能够覆盖的居民小区如表 2.1 所列。

表 2.1　校址选择数据

备选校址	B_1	B_2	B_3	B_4	B_5	B_6
覆盖的居民小区	A_1, A_5, A_7	A_1, A_2, A_5, A_8	A_1, A_3, A_5	A_2, A_4, A_8	A_3, A_6	A_4, A_6, A_8

试建立一个数学模型，确定出最小个数的建校地址，使其能覆盖所有的居民小区。

解　令

$$x_i = \begin{cases} 1, & \text{在备选校址 } B_i \text{ 建学校}, \\ 0, & \text{在备选校址 } B_i \text{ 不建学校}. \end{cases}$$

由于小区 A_1 可以被备选校址 B_1, B_2, B_3 处所建的学校覆盖，则有约束条件

$$x_1 + x_2 + x_3 \geqslant 1.$$

类似地，可以写出其他约束条件，建立如下的 0 – 1 整数规划模型：

$$\min \quad \sum_{i=1}^{6} x_i,$$

$$\text{s. t.} \begin{cases} x_1 + x_2 + x_3 \geq 1, \\ x_2 + x_4 \geq 1, \\ x_3 + x_5 \geq 1, \\ x_4 + x_6 \geq 1, \\ x_5 + x_6 \geq 1, \\ x_1 \geq 1, \\ x_2 + x_4 + x_6 \geq 1. \end{cases}$$

计算的 Lingo 程序如下：

```
model:
sets:
var/1..6/:x;
endsets
min = @sum(var:x);
x(1)+x(2)+x(3)>1;
x(2)+x(4)>1;
x(3)+x(5)>1;
x(4)+x(6)>1;
x(5)+x(6)>1;
x(1)>1;
x(2)+x(4)+x(6)>1;
end
```

求得在备选校址 B_1, B_4, B_5 建小学。

2.3 某公司新购置了某种设备 6 台，欲分配给下属的 4 个企业，已知各企业获得这种设备后年创利润如表 2.2 所列（单位：千万元）。每个企业至少分配 1 台设备，问应如何分配这些设备能使年创总利润最大，最大利润是多少？

表 2.2 各企业获得设备的年创利润数

企业＼设备	甲	乙	丙	丁
1	4	2	3	4
2	6	4	5	5
3	7	6	7	6
4	7	8	8	6
5	7	9	8	6
6	7	10	8	6

解 用 $j=1,2,3,4$ 分别表示甲、乙、丙、丁四个企业，c_{ij} 表示第 $i(i=1,\cdots,6)$ 台设备分配给第 j 个企业创造的利润，引进 0-1 变量：

$$x_{ij}=\begin{cases}1, & \text{第 } i \text{ 台设备分配给第 } j \text{ 个企业}\\ 0, & \text{第 } i \text{ 台设备不分配给第 } j \text{ 个企业}\end{cases}, i=1,\cdots,6; j=1,2,3,4.$$

则问题的数学模型为

$$\max \sum_{i=1}^{6}\sum_{j=1}^{4} c_{ij}x_{ij},$$

$$\text{s.t.}\begin{cases}\sum_{i=1}^{6} x_{ij} \geq 1, j=1,2,3,4,\\ \sum_{j=1}^{4} x_{ij}=1, i=1,\cdots,6,\\ x_{ij}=0 \text{ 或 } 1, i=1,\cdots,6; j=1,2,3,4.\end{cases}$$

计算的 Lingo 程序如下：
```
model:
sets:
shebei/1..6/;
qiye/1..4/;
link(shebei,qiye):c,x;
endsets
data:
c = 4 2 3 4
    6 4 5 5
    7 6 7 6
    7 8 8 6
    7 9 8 6
    7 10 8 6;
enddata
max = @sum(link:c*x);
@for(qiye(j):@sum(shebei(i):x(i,j)) >1);
@for(shebei(i):@sum(qiye(j):x(i,j)) =1);
@for(link:@bin(x));
end
```
求得 $x_{14}=1, x_{21}=1, x_{31}=1, x_{43}=1, x_{52}=1, x_{62}=1$。最大利润为 44。

2.4 有一场由四个项目（高低杠、平衡木、跳马、自由体操）组成的女子体操团体赛，赛程规定：每个队至多允许 10 名运动员参赛，每一个项目可以有 6 名选手参加。每个选手参赛的成绩评分从高到低依次为：10；9.9；9.8；…；0.1；0。每个代表队的总分是参赛选手所得总分之和，总分最多的代表队为优胜者。此外，还规定每个运动员只能参加全能比赛（四项全参加）与单项比赛这两类中的一类，参加单项比赛的每个运动员至多只能参加三个单项。每个队应有 4 人参加全能比赛，其余运动员参加单项比赛。

15

表 2.3 运动员各项目得分及概率分布表

项目 \ 运动员	1	2	3	4	5
高低杠	8.4~0.15 9.5~0.5 9.2~0.25 9.4~0.1	9.3~0.1 9.5~0.1 9.6~0.6 9.8~0.2	8.4~0.1 8.8~0.2 9.0~0.6 10~0.1	8.1~0.1 9.1~0.5 9.3~0.3 9.5~0.1	8.4~0.15 9.5~0.5 9.2~0.25 9.4~0.1
平衡木	8.4~0.1 8.8~0.2 9.0~0.6 10~0.1	8.4~0.15 9.0~0.5 9.2~0.25 9.4~0.1	8.1~0.1 9.1~0.5 9.3~0.3 9.5~0.1	8.7~0.1 8.9~0.2 9.1~0.6 9.9~0.1	9.0~0.1 9.2~0.1 9.4~0.6 9.7~0.2
跳马	9.1~0.1 9.3~0.1 9.5~0.6 9.8~0.2	8.4~0.1 8.8~0.2 9.0~0.6 10~0.1	8.4~0.15 9.5~0.5 9.2~0.25 9.4~0.1	9.0~0.1 9.4~0.1 9.5~0.5 9.7~0.3	8.3~0.1 8.7~0.1 8.9~0.6 9.3~0.2
自由体操	8.7~0.1 8.9~0.2 9.1~0.6 9.9~0.1	8.9~0.1 9.1~0.1 9.3~0.6 9.6~0.2	9.5~0.1 9.7~0.1 9.8~0.6 10~0.2	8.4~0.1 8.8~0.2 9.0~0.6 10~0.1	9.4~0.1 9.6~0.1 9.7~0.6 9.9~0.2
高低杠	9.4~0.1 9.6~0.1 9.7~0.6 9.9~0.2	9.5~0.1 9.7~0.1 9.8~0.6 10~0.2	8.4~0.1 8.8~0.2 9.0~0.6 10~0.1	8.4~0.15 9.5~0.5 9.2~0.25 9.4~0.1	9.0~0.1 9.2~0.1 9.4~0.6 9.7~0.2
平衡木	8.7~0.1 8.9~0.2 9.1~0.6 9.9~0.1	8.4~0.1 8.8~0.2 9.0~0.6 10~0.1	8.8~0.05 9.2~0.05 9.8~0.5 10~0.4	8.4~0.1 8.8~0.1 9.2~0.6 9.8~0.2	8.1~0.1 9.1~0.5 9.3~0.3 9.5~0.1
跳马	8.5~0.1 8.7~0.1 8.9~0.5 9.1~0.3	8.3~0.1 8.7~0.1 8.9~0.6 9.3~0.2	8.7~0.1 8.9~0.2 9.1~0.6 9.9~0.1	8.4~0.1 8.8~0.2 9.0~0.6 10~0.1	8.2~0.1 9.2~0.5 9.4~0.3 9.6~0.1
自由体操	8.4~0.15 9.5~0.5 9.2~0.25 9.4~0.1	8.4~0.1 8.8~0.1 9.2~0.6 9.8~0.2	8.2~0.1 9.3~0.5 9.5~0.3 9.8~0.1	9.3~0.1 9.5~0.1 9.7~0.5 9.9~0.3	9.1~0.1 9.3~0.1 9.5~0.6 9.8~0.2

现某代表队的教练已经对其所带领的10名运动员参加各个项目的成绩进行了大量测试,教练发现每个运动员在每个单项上的成绩稳定在4个得分上(表2.3),她们得到这些成绩的相应概率也由统计得出(见表中第二个数据。例如8.4~0.15表示取得8.4分的概率为0.15)。试解答以下问题:

(1) 每个选手的各单项得分按最悲观估算,在此前提下,请为该队排出一个出场阵容,使该队团体总分尽可能高;每个选手的各单项得分按均值估算,在此前提下,请为该队排出一个出场阵容,使该队团体总分尽可能高。

(2) 若对以往的资料及近期各种信息进行分析得到:本次夺冠的团体总分估计为不少于236.2分,该队为了夺冠应排出怎样的阵容?以该阵容出战,其夺冠的前景如何?得分前景(即期望值)又如何?它有90%的把握战胜怎样水平的对手?

解 (1) 记 $i=1,2,3,4$ 分别表示高低杠、平衡木、跳马、自由体操四项运动。引进决策变量:

$$x_{ij} = \begin{cases} 1, & 第j个人参加第i个项目 \\ 0, & 第j个人不参加第i个项目 \end{cases}, i=1,2,3,4; j=1,2,\cdots,10.$$

c_{ij} 表示在某种情形下第 j 个人参加第 i 个项目的得分。

建立如下非线性整数规划模型:

$$\max \sum_{i=1}^{4} \sum_{j=1}^{10} c_{ij} x_{ij},$$

$$\text{s.t.} \begin{cases} \sum_{j=1}^{10} x_{ij} = 6, i=1,2,3,4, \\ \sum_{j=1}^{10} \prod_{i=1}^{4} x_{ij} = 4. \end{cases}$$

总的得分为212.3。

使用计算机进行计算时,首先构造纯文本文件 sj.txt,把原始的4个项目、10个人的数据放在纯文件中,然后把分数和概率之间的符号"~"替换成空格,具体数据格式如下:

8.4	0.15	9.3	0.1	8.4	0.1	8.1	0.1	8.4	0.15	9.4	0.1	9.5	0.1	8.4	0.1	8.4	0.15	9.0	0.1
9.5	0.5	9.5	0.1	8.8	0.2	9.1	0.5	9.1	0.5	9.6	0.1	9.7	0.1	8.8	0.2	9.5	0.5	9.2	0.1
9.2	0.25	9.6	0.6	9.0	0.6	9.3	0.3	9.2	0.25	9.7	0.6	9.8	0.6	9.0	0.6	9.2	0.25	9.4	0.6
9.4	0.1	9.8	0.2	10	0.1	9.5	0.1	9.4	0.1	9.9	0.2	10	0.2	10	0.1	9.4	0.1	9.7	0.2
8.4	0.1	8.4	0.15	8.1	0.1	8.7	0.1	8.4	0.1	8.4	0.1	8.8	0.05	8.4	0.1	8.1	0.1		
8.8	0.2	9.0	0.5	9.1	0.1	8.9	0.2	9.1	0.1	8.9	0.2	9.1	0.1	9.2	0.05	8.8	0.1	9.1	0.5
9.0	0.6	9.2	0.25	9.3	0.1	9.4	0.6	9.1	0.6	9.6	0.1	9.6	0.6	9.8	0.5	9.2	0.6	9.3	0.3
10	0.1	9.4	0.1	9.5	0.1	9.9	0.1	9.7	0.2	9.9	0.1	10	0.1	10	0.4	9.8	0.2	9.5	0.1
9.1	0.1	8.4	0.1	8.4	0.15	9.0	0.1	8.3	0.1	8.5	0.1	8.3	0.1	8.7	0.1	8.4	0.1	8.2	0.1
9.3	0.1	8.8	0.2	9.5	0.5	9.4	0.2	8.7	0.1	8.7	0.1	8.7	0.1	8.9	0.2	8.8	0.1	9.2	0.5
9.5	0.6	9.0	0.2	9.2	0.25	9.5	0.5	9.2	0.6	9.5	0.5	8.9	0.6	9.6	0.6	9.0	0.2	9.4	0.3
9.8	0.2	10	0.1	9.4	0.1	9.7	0.2	9.3	0.2	9.1	0.3	9.5	0.2	9.9	0.1	10	0.2	9.6	0.1
8.7	0.1	8.9	0.1	9.5	0.1	9.4	0.1	9.0	0.1	8.4	0.15	8.4	0.1	9.0	0.1	9.3	0.1	9.1	0.1
8.9	0.2	9.1	0.2	9.7	0.1	9.7	0.2	9.5	0.2	8.8	0.5	8.8	0.1	9.5	0.1	9.5	0.2	9.3	0.1
9.1	0.6	9.2	0.6	9.8	0.6	9.0	0.6	9.7	0.6	9.2	0.25	9.2	0.6	9.7	0.2	9.7	0.5	9.5	0.6
9.9	0.1	9.6	0.1	9.9	0.2	10	0.1	9.9	0.1	9.4	0.1	9.4	0.2	9.9	0.6	9.9	0.3	9.8	0.2

17

提出最低分的 Matlab 程序：
```
load sj.txt
fen = sj(:,1:2:20);
gai = sj(:,2:2:20);
for i = 1:4
    for j = 1:10
        low(i,j) = min(fen(4*i-3:4*i,j));
    end
end
dlmwrite('data2_1.txt',low)  % 把最低分的矩阵写到纯文本文件 data2_1.txt,供 Lingo 使用
```

求解上述非线性 0-1 整数规划模型的 Lingo 程序：
```
model:
sets:
xm/1..4/;
yd/1..10/:y;
links(xm,yd):c,x;
endsets
data:
c = @file(data2_1.txt);
enddata
max = @sum(links:c*x);
@for(xm(i):@sum(yd(j):x(i,j)) = 6);
@sum(yd(j):x(1,j)*x(2,j)*x(3,j)*x(4,j)) = 4;
@for(links:@bin(x));
@for(yd:@bin(y));
end
```

下面通过巧妙地引进 0-1 变量

$$y_j = \begin{cases} 1, & \text{第} j \text{人参加全能比赛,} \\ 0, & \text{第} j \text{人不参加全能比赛,} \end{cases}$$

建立线性 0-1 整数规划模型：

$$\max \sum_{i=1}^{4} \sum_{j=1}^{10} c_{ij} x_{ij},$$

$$\text{s.t.} \begin{cases} \sum_{j=1}^{10} x_{ij} = 6, \ i = 1,2,3,4, \\ 4y_j \leq \sum_{i=1}^{4} x_{ij} \leq 3 + y_j, \ j = 1,2,\cdots,10, \\ \sum_{j=1}^{10} y_j = 4. \end{cases}$$

计算的 Lingo 程序如下：
```
model:
sets:
xm/1..4/;
yd/1..10/:y;
links(xm,yd):c,x;
endsets
data:
c = @file(data2_1.txt);
enddata
max = @sum(links:c*x);
@for(xm(i):@sum(yd(j):x(i,j)) = 6);
@for(yd(j):4*y(j) < @sum(xm(i):x(i,j));@sum(xm(i):x(i,j)) < 3 + y(j));
@sum(yd:y) = 4;
@for(links:@bin(x));
@for(yd:@bin(y));
end
```

计算得分均值的 Matlab 程序：
```
load sj.txt
fen = sj(:,1:2:20);
gai = sj(:,2:2:20);
for i = 1:4
    for j = 1:10
        zhun(i,j) = fen(4*i-3:4*i,j)'*gai(4*i-3:4*i,j);
    end
end
dlmwrite('data2_2.txt',zhun)
```

在均值情形下最后的总得分为 225.1。

（2）把团体总分 236.2 作为一个约束条件，得分的概率作为目标函数，建立 0-1 整数规划模型。用 $k=1,2,3,4$ 记运动员参加项目得到了第 k 种得分，a_{ijk}，b_{ijk} 表示第 j 个运动员参加第 i 个项目得到的第 k 种得分值及概率。记 p_{ij} 为运动员 j 参加第 i 个项目的某种得分的概率。

引进 0-1 变量

$$z_{ijk} = \begin{cases} 1, & \text{运动员} j \text{参加项目} i \text{得到} a_{ijk} \text{分}, \\ 0, & \text{运动员} j \text{参加} i \text{项目没得到} a_{ijk} \text{分}, \end{cases}$$

建立如下整数规划模型：

$$\max \prod_{i=1}^{4} \prod_{j=1}^{10} p_{ij}^{x_{ij}},$$

$$\text{s. t.} \begin{cases} \sum_{j=1}^{10} x_{ij} = 6, i = 1,2,3,4, \\ 4y_j \leqslant \sum_{i=1}^{4} x_{ij} \leqslant 3 + y_j, j = 1,2,\cdots,10, \\ \sum_{j=1}^{10} y_j = 4, \\ p_{ij} = \sum_{k=1}^{4} b_{ijk} z_{ijk}, i = 1,2,3,4; j = 1,2,\cdots,10, \\ c_{ij} = \sum_{k=1}^{4} a_{ijk} z_{ijk}, i = 1,2,3,4; j = 1,2,\cdots,10, \\ \sum_{i=1}^{4} \sum_{j=1}^{10} c_{ij} x_{ij} \geqslant 236.2, \\ \sum_{j=1}^{4} z_{ijk} \leqslant 1, i = 1,2,3,4; j = 1,2,\cdots,10, \\ x_{ij} = \sum_{k=1}^{4} z_{ijk}, i = 1,2,3,4; j = 1,2,\cdots,10. \end{cases}$$

为了便于 Lingo 求解，目标函数 $\max \prod_{i=1}^{4} \prod_{j=1}^{10} p_{ij}^{x_{ij}}$，等价地改写为 $\sum_{i=1}^{4} \sum_{j=1}^{10} x_{ij} \ln(p_{ij})$，把约束条件修改为

$$\text{s. t.} \begin{cases} \sum_{j=1}^{10} x_{ij} = 6, i = 1,2,3,4, \\ 4y_j \leqslant \sum_{i=1}^{4} x_{ij} \leqslant 3 + y_j, j = 1,2,\cdots,10, \\ \sum_{j=1}^{10} y_j = 4, \\ p_{ij} = \sum_{k=1}^{4} b_{ijk} z_{ijk}, i = 1,2,3,4; j = 1,2,\cdots,10, \\ c_{ij} = \sum_{k=1}^{4} a_{ijk} z_{ijk}, i = 1,2,3,4; j = 1,2,\cdots,10, \\ \sum_{i=1}^{4} \sum_{j=1}^{10} c_{ij} x_{ij} \geqslant 236.2, \\ \sum_{j=1}^{4} z_{ijk} = 1, i = 1,2,3,4; j = 1,2,\cdots,10. \end{cases}$$

提出得分和概率数据的 Matlab 程序为：

```
load sj.txt
fen = sj(:,1:2:20);p = sj(:,2:2:20);
fid1 = fopen('fen.txt','w');
fid2 = fopen('gai.txt','w');
for i =1:4
```

```
        for j =1:10
            for k =1:4
                fprintf(fid1,'% f \n',fen(4*(i-1)+k,j));
                fprintf(fid2,'% f \n',p(4*(i-1)+k,j));
            end
        end
    end
    fclose(fid1);fclose(fid2);
```

整数规划的 Lingo 程序为：

```
model:
sets:
xm/1..4/;
yd/1..10/:y;
pm/1..4/;
link(xm,yd):c,x,p;
link2(xm,yd,pm):a,z,b;
endsets
data:
a = @file('fen.txt');
b = @file('gai.txt');
@text(shuchu.txt) = x;
enddata
max = @exp(@sum(link:x * @log(p)));
! 参赛约束;
@for(xm(i): @sum(yd(j):x(i,j))=6);
@for(yd(j):@sum(xm(i):x(i,j))>4*y(j));
@for(yd(j):@sum(xm(i):x(i,j))<3+y(j));
@sum(yd:y) = 4;
! 夺冠约束;
@sum(link:c * x) > =236.2;
@for(xm(i): @for(yd(j): p(i,j) = @sum(pm(k): b(i,j,k) * z(i,j,k))));
@for(xm(i): @for(yd(j): c(i,j) = @sum(pm(k): a(i,j,k) * z(i,j,k))));
@for(xm(i): @for(yd(j): @sum(pm(k): z(i,j,k)) =1));
@for(yd:@bin(y));
@for(link:@bin(x));
@for(link2:@bin(z));
end
```

可得目标函数的最大值为 $P = 6.912 \times 10^{-19}$，说明该队无论以什么阵容出场，获得冠军的可能性几乎是不可能的。根据每个运动员参加每个项目的得分均值，可以得到以该阵容出场时，得分的数学期望为 222.9。

记 C_{ij} 为第 j 个人参加第 i 个项目的得分的随机变量，总得分随机变量为

$$S = \sum_{i=1}^{4} \sum_{j=1}^{10} x_{ij} C_{ij}.$$

假设总得分 S 服从正态分布,类似地可以求得最乐观情形下,该队的总得分为 236.9。所以 $S \in [212.3, 236.9]$。

易知各个 C_{ij} 均为相互独立的随机变量,所以总分的期望值为

$$E(S) = \sum_{i=1}^{4} \sum_{j=1}^{10} x_{ij} E(C_{ij}),$$

总分的方差为

$$D(S) = \sum_{i=1}^{4} \sum_{j=1}^{10} x_{ij} D(C_{ij}).$$

上面已求出 $E(S) = 222.9$,计算得

$$D(S) = \sum_{i=1}^{4} \sum_{j=1}^{10} x_{ij} (E(C_{ij}^2) - (E(C_{ij}))^2) = 2.309.$$

要求出以上述阵容出场有 90% 把握得到的分数,就是求 s,满足 $P\{S \geq s\} = 0.9$。由中心极限定理,得

$$P\{S \geq s\} = P\left\{\frac{S-E(S)}{\sqrt{D(S)}} \geq \frac{s-E(S)}{\sqrt{D(S)}}\right\} \approx 1 - \Phi\left(\frac{s-E(S)}{\sqrt{D(S)}}\right) = 0.9.$$

根据标准正态分布表,得

$$\frac{s-E(S)}{\sqrt{D(S)}} = -1.29, s = 216.02.$$

补 充 习 题

2.5 某单位需要加工制作 100 套钢架,每套用长为 2.9m、2.1m 和 1m 的圆钢各一根。已知原料长 6.9m,问应如何下料,使用的原材料最省。

解 最简单的做法是,在每一根原材料上截取 2.9m、2.1m 和 1m 的圆钢各一根组成一套,每根原材料剩下料头 0.9m。为了做 100 套钢架,需用原材料 100 根,有 90m 料头。若改为套裁,可能节省原料,可行的套裁方案是剩于的料头少于 1m,可以用枚举法枚举出所有可行的套裁方案。

枚举套裁方案的 Matlab 程序如下:

```
clc, clear
s = [];
for i = 0:2
    for j = 0:3
        for k = 0:6
            if 2.9*i+2.1*j+k>5.9 & 2.9*i+2.1*j+k<=6.9
                s=[s,[i,j,k,6.9-(2.9*i+2.1*j+k)]'];
            end
        end
    end
```

```
        end
    end
[sy,ind] = sort(s(4,:));  % 对料头按从小到大次序排序
s = s(:,ind)
```

可行的套裁方案如表2.4所列。

表2.4 几种可能的套裁方案

	A	B	C	D	E	F	G
2.9	1	2	0	0	0	0	1
2.1	0	0	3	2	1	0	1
1	4	1	0	2	4	6	1
合计	6.9	6.8	6.3	6.2	6.1	6	6
料头	0	0.1	0.6	0.7	0.8	0.9	0.9

实际中，为了保证完成者100套钢架，使所用原材料最省，可以混合使用各种下料方案。

设按方案 A,B,C,D,E,F,G 下料的原材料根数分别为 $x_i(i=1,\cdots,7)$，根据表2.4的数据建立如下线性规划模型：

$$\min \sum_{i=1}^{7} x_i,$$

$$\text{s.t.} \begin{cases} x_1 + 2x_2 + x_7 \geqslant 100, \\ 3x_3 + 2x_4 + x_5 + x_7 \geqslant 100, \\ 4x_1 + x_2 + 2x_4 + 4x_5 + 6x_6 + x_7 \geqslant 100. \end{cases}$$

计算的Lingo程序如下：
```
model:
sets:
row/1..3/;
var/1..7/:x;
link(row,var):a;
endsets
data:
a = 1 2 0 0 0 0 1
    0 0 3 2 1 0 1
    4 1 0 2 4 6 1;
enddata
min = @sum(var:x);
@for(row(i):@sum(var(j):a(i,j)*x(j)) > =100);
@for(var:@gin(x));
end
```

运行程序后，得到最优解 $x_1=13, x_2=44, x_3=32, x_4=2$，最优值为 $z=91$，即按方案 A 下料13根，方案 B 下料44根，方案 C 下料32根，方案 D 下料2根，共需原材料91根就可

以制作完成100套钢架。

2.6 一车队有8辆车,这8辆车存放在不同的地点,队长要派其中5辆到5个不同的工地去运货。各车从存放处调到装货地点所需费用列于表2.5,问应选用哪5辆车调到何处去运货,才能使各车从所在地点调到装货地点所需的总费用最少(要求分别用Matlab和Lingo编程求解)?

表2.5 调车费用表

装货地点＼车号	1	2	3	4	5	6	7	8
1	30	25	18	32	27	19	22	26
2	29	31	19	18	21	20	30	19
3	28	29	30	19	19	22	23	26
4	29	30	19	24	25	19	18	21
5	21	20	18	17	16	14	16	18

解 记 c_{ij} 表示第 j 号车调到装货地点 i 所需的费用。引进 0-1 变量:

$$x_{ij} = \begin{cases} 1, & \text{第} j \text{号车调到装货地点} i, \\ 0, & \text{第} j \text{号车没有调到装货地点}. \end{cases}$$

建立如下的 0-1 整数规划模型:

$$\min \sum_{i=1}^{5} \sum_{j=1}^{8} c_{ij} x_{ij},$$

$$\text{s.t.} \begin{cases} \sum_{i=1}^{5} x_{ij} \leq 1, j = 1, 2, \cdots, 8, \\ \sum_{j=1}^{8} x_{ij} = 1, i = 1, 2, \cdots, 5, \\ x_{ij} = 0 \text{ 或 } 1, i = 1, 2, \cdots, 5; j = 1, 2, \cdots, 8. \end{cases}$$

(1) 编写的Matlab程序如下:

```
clc, clear
c =[30 25 18 32 27 19 22 26
29 31 19 18 21 20 30 19
28 29 30 19 19 22 23 26
29 30 19 24 25 19 18 21
21 20 18 17 16 14 16 18];
c = c(:);
a = zeros(8,40);
for j =1:8
    a(j,[(j-1)*5+1:j*5]) =1;
end
b = ones(8,1);
aeq = zeros(5,40);
```

```
for i =1:5
    aeq(i,[i:5:40]) =1;
end
beq = ones(5,1);
[x,y] = bintprog(c,a,b,aeq,beq);
x = reshape(x,[5,8])
```

(2) Lingo 程序

```
model:
sets:
row/1..5/;
col/1..8/;
link(row,col):x,c;
endsets
data:
c =
30      25      18      32      27      19      22      26
29      31      19      18      21      20      30      19
28      29      30      19      19      22      23      26
29      30      19      24      25      19      18      21
21      20      18      17      16      14      16      18
;
enddata
min = @sum(link:c*x);
@for(col(j):@sum(row(i):x(i,j)) <1);
@for(row(i):@sum(col(j):x(i,j)) =1);
@for(link:@bin(x));
end
```

第3章 非线性规划习题解答

3.1 某工厂向用户提供发动机,按合同规定,其交货数量和日期是:第一季度末交 40 台,第二季末交 60 台,第三季末交 80 台。工厂的最大生产能力为每季 100 台,每季的生产费用是 $f(x)=50x+0.2x^2$(元),此处 x 为该季生产发动机的台数。若工厂生产得多,多余的发动机可移到下季向用户交货,这样,工厂就需支付存储费,每台发动机每季的存储费为 4 元。问该厂每季应生产多少台发动机,才能既满足交货合同,又使工厂所花费的费用最少(假定第一季度开始时发动机无存货)?

解 设第一,二,三季度的生产数量分别为 x_1,x_2,x_3 台。

对于第一季度,$x_1 \geqslant 40$,费用为
$$f_1 = 50x_1 + 0.2x_1^2.$$

对于第二季度,$x_1 + x_2 \geqslant 100$,第二季度的费用包括生产和存储两部分,第二季度的费用为
$$f_2 = 50x_2 + 0.2x_2^2 + 4(x_1 - 40).$$

对于第三季度,$x_1 + x_2 + x_3 = 180$,第三季度的费用为
$$f_3 = 50x_3 + 0.2x_3^2 + 4(x_1 + x_2 - 100).$$

三个季度的总费用为
$$f = f_1 + f_2 + f_3 = 0.2(x_1^2 + x_2^2 + x_3^2) + 58x_1 + 54x_2 + 50x_3 - 560.$$

综上所述,建立如下非线性规划模型:
$$\max \quad f = 0.2(x_1^2 + x_2^2 + x_3^2) + 58x_1 + 54x_2 + 50x_3 - 560,$$

$$\text{s.t.} \begin{cases} x_1 \geqslant 40, \\ x_1 + x_2 \geqslant 100, \\ x_1 + x_2 + x_3 = 180, \\ x_2, x_3 \geqslant 0, \\ x_i \leqslant 100, i = 1,2,3. \end{cases}$$

求解的 Lingo 程序如下:
```
model:
sets:
var/1..3/:c,x,lb;
endsets
data:
c=58 54 50;！目标函数的一次项系数；
lb=40 0 0;！决策变量的下界向量；
enddata
min=0.2*@sum(var:x^2)+@sum(var:c*x)-560;
```

```
x(1) +x(2) >100;
@sum(var:x) =180;
@for(var:@bnd(lb,x,100));
end
```

求得最优解为 $x_1 = 50, x_2 = 60, x_3 = 70$，最小费用 $f = 11280$。

3.2 用 Matlab 的非线性规划命令 fmincon 求解飞行管理问题的模型二。

解 （1）编写非线性约束的函数（函数名和文件名都命名为 fun3_2）。

```
function [f,g] = fun3_2(x); % 定义非线性不等式约束的函数
g =[]; % 不存在非线性等式约束
th0 =[243 236 220.5 159 230 52]'; th = th0 +x;
x0 =[150 85 150 145 130 0]';
y0 =[140 85 155 50 150 0]';
k =1;
for i =1:5
    for j = i +1:6
        aij = 4 *(sind((th(i) -th(j))/2))^2;
        bij = 2 *((x0(i) -x0(j)) *(cosd(th(i)) -cosd(th(j))) +...
            (y0(i) -y0(j)) *(sind(th(i)) -sind(th(j))));
        cij = (x0(i) -x0(j))^2 +(y0(i) -y0(j))^2 -64;
        f(k) = bij^2 -4 *aij *cij;
        k = k +1;
    end
end
```

（2）主函数。

```
fun3_1 = @(delta) sum(delta.^2); % 定义目标函数的匿名函数
[del,val] = fmincon(fun3_1,rand(6,1),[],[],[],[],-30 *ones(6,1),30 *ones(6,1),@fun3_2)
```

上述 Matlab 程序求解结果不理想，所得的解是局部最小值，每次的计算结果是不一样的，这里就不给出计算结果了。

3.3 用罚函数法求解飞行管理问题的模型二。

解 （1）定义增广目标函数（文件名 fun3_3.m）。

```
function zf = fun3_3(delta);
M =100000;
f = sum(delta.^2);
th0 =[243 236 220.5 159 230 52]'; th = th0 +delta;
x0 =[150 85 150 145 130 0]';
y0 =[140 85 155 50 150 0]';
k =1;
for i =1:5
    for j = i +1:6
        aij = 4 *(sind((th(i) -th(j))/2))^2;
        bij = 2 *((x0(i) -x0(j)) *(cosd(th(i)) -cosd(th(j))) +...
```

```
            (y0(i)-y0(j))*(sind(th(i))-sind(th(j))));
        cij=(x0(i)-x0(j))^2+(y0(i)-y0(j))^2-64;
        g(k)=bij^2-4*aij*cij;
        k=k+1;
    end
end
zf=f+M*max([g,0]);
```

（2）求增广目标函数的最小值。

```
x=fminunc(@fun3_3,rand(6,1))
```

3.4 求下列问题的解：

$$\max f(x) = 2x_1 + 3x_1^2 + 3x_2 + x_2^2 + x_3,$$

$$\text{s.t.} \begin{cases} x_1 + 2x_1^2 + x_2 + 2x_2^2 + x_3 \leq 10, \\ x_1 + x_1^2 + x_2 + x_2^2 - x_3 \leq 50, \\ 2x_1 + x_1^2 + 2x_2 + x_3 \leq 40, \\ x_1^2 + x_3 = 2, \\ x_1 + 2x_2 \geq 1, \\ x_1 \geq 0, x_2, x_3 \text{ 不约束}. \end{cases}$$

解 （1）求解的 Matlab 程序。

① 编写目标函数（文件名为 fun3_4.m）。

```
function y=fun3_4(x);
c1=[2 3 1];
c2=[3 1 0];
y=c1*x+c2*x.^2;
y=-y;
```

② 编写非线性约束函数（文件名为 fun3_5.m）。

```
function [f,g]=fun3_5(x);
f=[x(1)+2*x(1)^2+x(2)+2*x(2)^2+x(3)-10
   x(1)+x(1)^2+x(2)+x(2)^2-x(3)-50
   2*x(1)+x(1)^2+2*x(2)+x(3)-40];
g=x(1)^2+x(3)-2;
```

3）主函数

```
a=[-1 -2 0;-1 0 0];b=[-1;0];
[x,y]=fmincon(@fun3_4,rand(3,1),a,b,[],[],[],[],@fun3_5);
x,y=-y
```

求得最优解 $x_1=2.3333, x_2=0.1667, x_3=-3.4445$；最优值为 18.0833。

（2）求解的 Lingo 程序。

```
model:
sets:
var/1..3/:c1,c2,x,b;
links(var,var):a1,a2;
```

```
endsets
data:
c1 = 2 3 1;! 目标函数的一次项系数;
c2 = 3 1 0;! 目标函数的二次项系数;
a1 = 1 1 1   1 1 -1   2 2 1;! 不等式约束的一次项系数;
a2 = 2 2 0   1 1 0   1 0 0;! 不等式约束的二次项系数;
b = 10 50 40;! 不等式约束的常数项;
enddata
max = @sum(var:c1 * x + c2 * x^2);
@for(var(i):@sum(var(j):a1(i,j) * x(j) + a2(i,j) * x(j)^2) < b(i));
x(1)^2 + x(3) = 2;
x(1) + 2 * x(2) > 1;
@for(var(i) |i#ge#2:@free(x));! i >1 时,x(i)可正可负;
end
```

补 充 习 题

3.5 求解下列数学规划:

$$\min \sum_{i=1}^{100} i |x_i|,$$

$$\text{s. t.} \begin{cases} \sum_{i=1}^{100} x_i = 1, \\ \sum_{i=1}^{100} i x_i = 10, \\ \sum_{i=1}^{50} x_{2i-1} - \sum_{i=1}^{50} x_{2i} = 0, \\ Ax \leq b. \end{cases}$$

这里的 A 是随机生成的 5×100 矩阵,b 是随机生成的 5 维列向量,$x = [x_1, \cdots, x_{100}]^T$。

解 Lingo 程序如下:

```
model:
data:
M = 5;
enddata
sets:
rows/1..M/: b;
cols/1..100/: x;
table(rows,cols): a;
endsets
```

29

```
data:
a = @qrand( ); b = @qrand( );
enddata
min = @sum(cols(i):i * @abs(x(i)));
@sum(cols:x) = 1;
@sum(cols(i):i * x(i)) = 1;
@sum(cols(i) |i#le#50:x(2 * i-1)) - @sum(cols(i) |i#le#50:x(2 * i)) = 0;
@for(rows(i):@sum(cols(j):a(i,j) * x(j)) < b(i));
@for(cols:@free(x));
end
```

注:本问题由于是非线性规划问题,必须把 Lingo 求解器设置为全局求解器。选择步骤为 Lingo 菜单→Options→Global Solver,把 Use Global Solver 打上√,然后确定。

3.6 编程求解下列最小值问题

$$\min 4x_1^3 - ax_1 - 2x_2,$$

$$\text{s. t.} \begin{cases} x_1 + x_2 \leqslant 4, \\ 2x_1 + x_2 \leqslant 5, \\ -x_1 + bx_2 \geqslant 2, \\ x_1, x_2 \geqslant 0, \\ a = 0,1,2,3,4; b = 2,4,6,7. \end{cases}$$

解 (1) 求解的 Matlab 程序如下:

```
clc, clear
for a = 0:4
    for b = [2 4 6 7]
        mb = @(x) 4 * x(1)^3 - a * x(1) - 2 * x(2); % 定义目标函数的匿名函数
        aa = [1 1; 2 1; 1 -b]; bb = [4 5 -2]'; % 定义线性不等式约束
        [x,y] = fmincon(mb,rand(2,1),aa,bb,[ ],[ ],zeros(2,1));
        fprintf('a = %d,b = %d 时,y = %f \n',a,b,y)
        x
    end
end
```

(2) 求解的 Lingo 程序如下(这里使用了 Lingo10 以上版本的子函数功能):

```
model:
sets:
var1 /1..5/:aa;
var2 /1..4/:bb;
var3 /1 2/:x;
endsets
data:
aa = 0 1 2 3 4;
bb = 2 4 6 7;
enddata
```

```
submodel sub_obj:
min = 4*x(1)^3 - a*x(1) - 2*x(2);
endsubmodel
submodel sub_con:
x(1) + x(2) < 4;
2*x(1) + x(2) < 5;
-x(1) + b*x(2) > 2;
endsubmodel
calc:
@for(var1(i):@for(var2(j):a=aa(i);b=bb(j);@solve(sub_obj,sub_con)));
endcalc
end
```

或者设计 Lingo 程序如下：

```
model:
sets:
var1/1..5/:aa;
var2/1..4/:bb;
var3/1 2/:x;
var4/1..3/:bbb;！定义线性不等式约束的右端项；
links(var4,var3):aaa;！定义线性不等式约束矩阵；
endsets
data:
aa = 0 1 2 3 4;
bb = 2 4 6 7;
bbb = 4 5 -2;
enddata
submodel subobj:
min = 4*x(1)^3 - a*x(1) - 2*x(2);
endsubmodel
submodel subcon:
@for(var4(i):@sum(var3(j):aaa(i,j)*x(j)) < bbb(i));
endsubmodel
calc:
@for(var1(i):@for(var2(j):a=aa(i);b=bb(j);
aaa(1,1)=1;aaa(1,2)=1;aaa(2,1)=2;aaa(2,2)=1;aaa(3,1)=1;aaa(3,2)=-b;
@solve(subobj,subcon)));
endcalc
end
```

3.7 用 Lingo 软件求解：

$$\max \quad z = c^T x + \frac{1}{2} x^T Q x,$$

$$\text{s.t.} \begin{cases} -1 \leq x_1x_2 + x_3x_4 \leq 1, \\ -3 \leq x_1 + x_2 + x_3 + x_4 \leq 2, \\ x_1, x_2, x_3, x_4 \in \{-1, 1\}. \end{cases}$$

式中：$c = [6,8,4,2]^{\mathrm{T}}$，$Q$ 是三对角线矩阵，主对角线上元素全为 -1，两条次对角线上元素全为 2。

解 （1）构造矩阵 Q 并把数据保存到纯文本文件供 Lingo 使用的 Matlab 程序如下：

```
clc, clear
a = -ones(1,4); b = 2*ones(1,3);
Q = diag(a) + diag(b,1) + diag(b,-1) % 构造三对角线矩阵 Q
dlmwrite('ex37.txt',Q) % 把数据矩阵 Q 保存到纯文本文件,供 Lingo 软件调用
```

（2）求解数学规划的 Lingo 程序如下：

```
model:
sets:
var/1..4/:c,x;
link(var,var):Q;
endsets
data:
c = 6 8 4 2;
Q = @file('ex37.txt');
enddata
max = @sum(var:c*x) + 0.5*@sum(var(i):@sum(var(j):x(i)*Q(i,j)*x(j)));
x(1)*x(2) + x(3)*x(4) > -1; x(1)*x(2) + x(3)*x(4) < 1;
@sum(var:x) > -3; @sum(var:x) < 2;
@for(var:@free(x);@abs(x) = 1);
end
```

第4章 图与网络模型及方法习题解答

4.1 北京(Pe)、东京(T)、纽约(N)、墨西哥城(M)、伦敦(L)、巴黎(Pa)各城市之间的航线距离如表4.1所列。

表4.1 六城市间的航线距离

	L	M	N	Pa	Pe	T
L		56	35	21	51	60
M	56		21	57	78	70
N	35	21		36	68	68
Pa	21	57	36		51	61
Pe	51	78	68	51		13
T	60	70	68	61	13	

由上述交通网络的数据确定最小生成树。

解 求解的 Matlab 程序如下：

```
clc, clear
a = zeros(6);  % 邻接矩阵初始化
a(1,[2:6]) = [56  35  21  51  60];  % 输入邻接矩阵的上三角元素
a(2,[3:6]) = [21  57  78  70];
a(3,[4:6]) = [36  68  68];
a(4,[5 6]) = [51  61]; a(5,6) = 13;
a = a'; a = sparse(a);  % 变换成下三角矩阵，并转化成工具箱所需的稀疏矩阵
[ST,pred] = graphminspantree(a,'method','Kruskal')  % 调用工具箱求最小生成树
nodestr = {'L','M','N','Pa','Pe','T'};  % 输入顶点名称的字符细胞数组
h = view(biograph(ST,nodestr,'ShowArrows','off','ShowWeights','on'))
h.EdgeType = 'segmented';  % 边的连接为线段
h.LayoutType = 'equilibrium'; dolayout(h)  % 设置图形布局属性，并刷新图形布局
```

求得的最小生成树如图4.1所示。

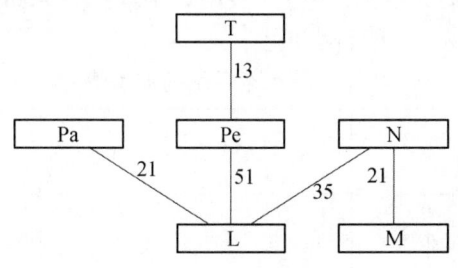

图4.1 最小生成树

4.2 某台机器可连续工作4年,也可于每年末卖掉,换一台新的。已知于各年初购置一台新机器的价格及不同役龄机器年末的的处理价如表4.2所列(单位:万元)。又新机器第一年运行及维修费为0.3万元,使用1年~3年后机器每年的运行及维修费用分别为0.8万元、1.5万元、2.0万元。试确定该机器的最优更新策略,使4年内用于更换、购买及运行维修的总费用最省。

表4.2 机器的购置价及处理价

j	第一年	第二年	第三年	第四年
年初购置价	2.5	2.6	2.8	3.1
使用了 j 年的机器处理价	2.0	1.6	1.3	1.1

解 记 $v_i(i=1,2,3,4)$ 表示第 i 年年初的时刻,v_5 表示第四年末的时刻,构造赋权图 $G=(V,A,W)$,其中 $V=\{v_1,\cdots,v_5\}$,A 为弧的集合,邻接矩阵 $W=(w_{ij})_{5\times5}$,这里 w_{ij} 为 v_i 到 v_j 的费用,例如,w_{12} 为第一年初到第二年初的费用,等于购置费用加维修费用减去机器处理价,$w_{12}=2.5+0.3-2.0=0.8$,可计算得

$$W = \begin{bmatrix} 0 & 0.8 & 2 & 3.8 & 6 \\ \infty & 0 & 0.9 & 2.1 & 3.9 \\ \infty & \infty & 0 & 1.1 & 2.3 \\ \infty & \infty & \infty & 0 & 1.4 \\ \infty & \infty & \infty & \infty & 0 \end{bmatrix}.$$

4 年内用于更换、购买及运行维修总费用最省的问题,归结为求图 G 中从 v_1 到 v_5 的费用最短路,可以使用 Dijkstra 标号算法求解。

求解的 Matlab 程序如下:
```
clc, clear
a = zeros(5); % 邻接矩阵初始化
a(1,[2:5]) = [0.8 2 3.8 6]; % 输入邻接矩阵,注意这里实际上为有向图
a(2,[3:5]) = [0.9 2.1 3.9];
a(3,[4:5]) = [1.1 2.3]; a(4,5) = 1.4;
b = sparse(a); % 有向图直接变成稀疏矩阵就可以了
[dist,path] = graphshortestpath(b,1,5,'Directed',1) % 调用工具箱求最短路
```

求得的最优更新策略为第二年初和第三年初都换一台新机器,总费用为 4 万元。

4.3 某产品从仓库运往市场销售。已知各仓库的可供量、各市场需求量及从 i 仓库至 j 市场的路径的运输能力如表4.3所列(表中数字 0 代表无路可通),试求从仓库可运往市场的最大流量,各市场需求能否满足?

表4.3 最大流问题的相关数据

市场 j 仓库 i	1	2	3	4	可供量
A	30	10	0	40	20
B	0	0	10	50	20
C	20	10	40	5	100
需求量	20	20	60	20	

解 应用最大流算法必须是单源和单汇的网络。构造一个虚拟的源点 v_s，由于 A，B，C 的可供量分别为 20，20，100，则弧 v_sA、v_sB、v_sC 上的容量分别为 20、20、100，构造一个虚拟的汇点 v_t，由于市场 1、2、3、4 的需求量分别为 20、20、60、20，市场 1、2、3、4 分别记为 D、F、H、I，则弧 Dv_t、Fv_t、Hv_t、Iv_t 的容量分别为 20、20、60、20。构造赋权有向图 (V, E, W)，其中 V 为顶点集合，E 为弧的集合，W 为各个弧上的容量所构成的权重矩阵，具体计算时，把顶点 v_s、A、B、C、D、F、H、I、v_t 分别编号为 $1, 2, \cdots, 9$，从仓库到市场的最大流问题归结为求从 v_s 到 v_t 的最大流，可以使用 Ford–Fulkerson 算法求最大流。

使用 Matlab 软件求解最大流的程序如下：

```
clc, clear
a = zeros(9); % 容量矩阵初始化
a(1,[2:4]) = [20,20,100]; % 输入各弧上的容量
a(2,[5 6 8]) = [30,10,40];
a(3,[7,8]) = [10,50];
a(4,[5:8]) = [20,10,40,5];
a([5:8],9) = [20,20,60,20];
a = sparse(a); % 构造工具箱需要的稀疏矩阵
[b,c] = graphmaxflow(a,1,9) % 调用工具箱求最大流的命令
```

求得从仓库运往市场的最大流量为 110 单位，其中市场 3 只能满足 50 单位，差 10 单位。

4.4 某单位招收懂俄、英、日、德、法文的翻译各一人，有 5 人应聘。已知乙懂俄文，甲、乙、丙、丁懂英文，甲、丙、丁懂日文，乙、戊懂德文，戊懂法文，问这 5 个人是否都能得到聘书？最多几个得到聘书，招聘后每人从事哪一方面翻译工作？

解 将 5 个人与 5 个外语语种分别用点表示，把各个人与懂得的外语语种之间用弧相连。为了求单源和单汇网络的最大流，再加一个虚拟的单源 v_s，v_s 与 5 个人之间各有一条弧，再加一个虚拟的单汇 v_t，在 5 个外语语种和 v_t 之间各有一条弧。规定每条弧的容量为 1，求出上述网络的最大流数字即为最多能得到招聘的人数。计算时把源点 v_s、甲乙丙丁戊 5 个人、俄英日德法 5 个外语语种和汇点 v_t 分别编号为 $1, 2, \cdots, 12$。

计算的 Matlab 程序如下：

```
clc, clear
a = zeros(12); % 容量矩阵初始化
a(1,[2:6]) = 1; % 输入各弧上的容量,源点至 5 个人
a(2,[8,9]) = 1; % 甲懂英,日
a(3,[7,8,10]) = 1; % 乙懂俄,英,德
a(4,[8,9]) = 1; % 丙懂英,日
a(5,[8,9]) = 1; % 丁懂英,日
a(6,[10,11]) = 1; % 戊懂德,法
a([7:11],12) = 1; % 5 个外语语种到汇点
a = sparse(a); % 化成稀疏矩阵
[b,c] = graphmaxflow(a,1,12) % 调用工具箱求最大流的命令
```

求得只有 4 个人得到招聘，乙—俄，丙—日，丁—英，戊—德，甲未能得到应聘。

4.5 表 4.4 所列是某运输问题的相关数据。将此问题转化为最小费用最大流问题，画出网络图并求解。

表4.4 运输问题的相关数据

产地＼销地	1	2	3	产量
A	20	24	5	8
B	30	22	20	7
销量	4	5	6	

解 为了使用最大流算法,必须构造单源单汇的网络,加一个虚拟的源点 v_s 图中Ⓢ,一个虚拟的汇点 v_t 图中Ⓣ,得到的网络图如图4.2所示,其中弧旁的第一个数字为单位流的费用,第二个数字表示容量。

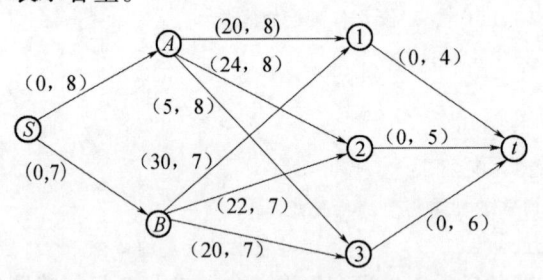

图4.2 最小费用最大流的网络图

首先求出最大流的流量为15。可以建立线性规划模型求解,求解的Lingo程序如下:

```
model:
sets:
nodes/s,a,b,1,2,3,t/;
arcs(nodes,nodes)/s a,s b,a 1,a 2,a 3,b 1,b 2,b 3,1 t,2 t,3 t/:c,f;
endsets
data:
c = 8 7 8 8 8 7 7 7 4 5 6;
enddata
n = @size(nodes);！顶点的个数;
max = flow;
@for(nodes(i) |i #ne#1 #and# i #ne# n:
     @sum(arcs(i,j):f(i,j)) = @sum(arcs(j,i):f(j,i)));
@sum(arcs(i,j) |i #eq# 1:f(i,j)) = flow;
@sum(arcs(i,j) |j #eq# n:f(i,j)) = flow;
@for(arcs:@bnd(0,f,c));
end
```

再建立求最小费用的线性规划模型,求得最小费用为240。求最小费用的Lingo程序如下:

```
model:
sets:
nodes/s,a,b,1,2,3,t/:d;
arcs(nodes,nodes)/s a,s b,a 1,a 2,a 3,b 1,b 2,b 3,1 t,2 t,3 t/:b,c,f;
```

```
endsets
data:
b = 0 0 20 24 5 30 22 20 0 0 0;
c = 8 7 8 8 8 7 7 7 4 5 6;
d = 15 0 0 0 0 0 -15;!最大流为15;
enddata
n = @size(nodes);!顶点的个数;
min = @sum(arcs:b*f);
@for(nodes(i):@sum(arcs(i,j):f(i,j)) - @sum(arcs(j,i):f(j,i)) = d(i));
@for(arcs:@bnd(0,f,c));
end
```

4.6 求图4.3所示网络的最小费用最大流,弧上的第1个数字为单位流的费用,第2个数字为弧的容量。

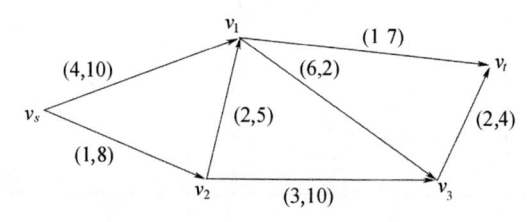

图4.3 最小费用最大流的网络图

解 (1)求最大流的Matlab程序如下:
```
clc, clear
a = zeros(5); % 容量矩阵初始化
a(1,[2 3]) = [10 8]; % 输入各弧上的容量
a(2,[4 5]) = [2 7];
a(3,[2 4]) = [5,10];
a(4,5) = 4;
a = sparse(a); % 构造工具箱需要的稀疏矩阵
[b,c] = graphmaxflow(a,1,5) % 调用工具箱求最大流的命令
```
求得的最大流量为11。

(2)求最大流的最小费用的Lingo程序如下:
```
model:
sets:
nodes/s,1,2,3,t/:d;
arcs(nodes,nodes)/s 1,s 2,1 3,1 t,2 1,2 3,3 t/:b,c,f;
endsets
data:
b = 4 1 6 1 2 3 2;
c = 10 8 2 7 5 10 4;
d = 11 0 0 0 -11;!最大流为11;
enddata
n = @size(nodes);!顶点的个数;
```

```
min = @sum(arcs:b*f);
@for(nodes(i):@sum(arcs(i,j):f(i,j)) - @sum(arcs(j,i):f(j,i)) = d(i));
@for(arcs:@bnd(0,f,c));
end
```

求得的最小费用为55。

4.7 某公司计划推出一种新型产品,需要完成的作业由表4.5所列。

表4.5 计算网络图的相关数据

作业	名称	计划完成时间/周	紧前作业	最短完成时间/周	缩短1周的费用/元
A	设计产品	6	—	4	800
B	市场调查	5	—	3	600
C	原材料订货	3	A	1	300
D	原材料收购	2	C	1	600
E	建立产品设计规范	3	A,D	1	400
F	产品广告宣传	2	B	1	300
G	建立产品生产基地	4	E	2	200
H	产品运输到库	2	G,F	2	200

(1) 画出产品的计划网络图;

(2) 求完成新产品的最短时间,列出各项作业的最早开始时间、最迟开始时间和计划网络的关键路线;

(3) 假定公司计划在17周内推出该产品,各项作业的最短时间和缩短1周的费用如上表所示,求产品在17周内上市的最小费用;

(4) 如果各项作业的完成时间并不能完全确定,而是根据以往的经验估计出来的,其估计值如表4.6所列,试计算出产品在21周内上市的概率和以95%的概率完成新产品上市所需的周数。

表4.6 作业数据

作业	A	B	C	D	E	F	G	H
最乐观的估计	2	4	2	1	1	3	2	1
最可能的估计	6	5	3	2	3	4	4	2
最悲观的估计	10	6	4	3	5	5	6	4

解 (1) 产品的计划网络图如图4.4所示。

(2) 分别用 x_i, z_i 表示第 $i(i=1,\cdots,8)$ 个事件的最早时间和最迟时间,t_{ij} 表示作业 (i,j) 的计划时间,$es_{ij}, ls_{ij}, ef_{ij}, lf_{ij}$ 分别表示作业 (i,j) 的最早开工时间,最迟开工时间,最早完工时间,最晚完工时间。对应作业的最早开工时间与最迟开工时间相同,就得到项目的关键路径。

为了求事件的最早开工时间 $x_i(i=1,\cdots,8)$,建立如下线性规划模型:

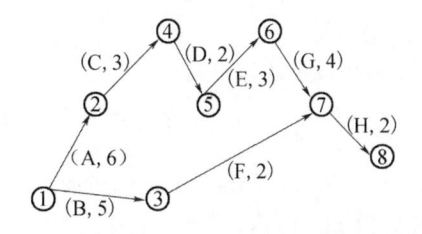

图 4.4 产品的计划网络图

$$\min \sum_{i \in V} x_i,$$
$$\text{s.t.} \quad x_j \geq x_i + t_{ij}, (i,j) \in \tilde{A}, i,j \in V,$$
$$x_i \geq 0, i \in V. \tag{4.1}$$

式中:V 是所有的事件集合;$\tilde{A}$ 是所有作业的集合。

然后用下面的递推公式求其他指标。

$$z_n = x_n, 这里 n = 8,$$
$$z_i = \min_j \{z_j - t_{ij}\}, i = n-1,\cdots,1, (i,j) \in \tilde{A}, \tag{4.2}$$
$$es_{ij} = x_i, (i,j) \in \tilde{A}, \tag{4.3}$$
$$lf_{ij} = z_j, (i,j) \in \tilde{A}, \tag{4.4}$$
$$ls_{ij} = lf_{ij} - t_{ij}, (i,j) \in \tilde{A}, \tag{4.5}$$
$$ef_{ij} = x_i + t_{ij}, (i,j) \in \tilde{A}. \tag{4.6}$$

使用式(4.3)和式(4.4)可以得到所有作业的最早开工时间和最迟开工时间,如表 4.7 所列,方括号中第 1 个数字是最早开工时间,第 2 个数字是最迟开工时间。

表 4.7 作业数据

A	B	C	D	E	F	G	H
[0,0]	[0,11]	[6,6]	[9,9]	[11,11]	[5,16]	[14,14]	[18,18]

从表 4.7 可以看出,当最早开工时间与最迟开工时间相同时,对应的作业在关键路线上。关键路线为 1→2→4→5→6→7→8,关键路径的长度是 20 周。

计算的 Lingo 程序如下:

```
model:
sets:
events/1..8/:x,z;! x 为事件的最早时间,z 为事件的最迟时间;
operate(events,events)/1 2,1 3,2 4,3 7,4 5,5 6,6 7,7 8/:t,s,ls,es,ef,lf;
! s 为松弛变量,ls 为作业的最迟开工时间,es 为最早开工时间,ef 为最早完工时间,lf 为最迟完工时间;
endsets
data:
t = 6 5 3 2 2 3 4 2;
@text(txt41.txt) = es,ls;! 把计算结果输出到外部纯文本文件;
enddata
```

```
min = @sum(events:x);
@for(operate(i,j):x(j) > x(i) + t(i,j));
n = @size(events);
z(n) = x(n);
@for(events(i) |i#lt#n:z(i) = @min(operate(i,j):z(j) - t(i,j)));
@for(operate(i,j):es(i,j) = x(i));
@for(operate(i,j):lf(i,j) = z(j));
@for(operate(i,j):ls(i,j) = lf(i,j) - t(i,j));
@for(operate(i,j):ef(i,j) = x(i) + t(i,j));
end
```

(3) 设 x_i 是事件 i 的开始时间，t_{ij} 是作业 (i,j) 的计划时间，m_{ij} 是完成作业 (i,j) 的最短时间，y_{ij} 是作业 (i,j) 可能减少的时间，c_{ij} 是作业 (i,j) 缩短一天增加的费用，因此有
$$x_j - x_i \geq t_{ij} - y_{ij} \text{ 且 } 0 \leq y_{ij} \leq t_{ij} - m_{ij}.$$

17 周是要求完成的天数，1 为最初事件，8 为最终事件，所以有 $x_8 - x_1 \leq 17$。而问题的总目标是使额外增加的费用最小，即目标函数为 $\min \sum_{(i,j) \in A} c_{ij} y_{ij}$。由此得到相应的数学规划问题为

$$\min \sum_{(i,j) \in A} c_{ij} y_{ij},$$
$$\text{s.t.} \begin{cases} x_j - x_i + y_{ij} \geq t_{ij}, (i,j) \in \tilde{A}, i,j \in V, \\ x_n - x_1 \leq 17, \\ 0 \leq y_{ij} \leq t_{ij} - m_{ij}, (i,j) \in \tilde{A}, i,j \in V. \end{cases}$$

求得作业 C 可以缩短一周，作业 G 可以缩短 2 周，额外支付的费用为 700 元。

计算的 Lingo 程序如下：

```
model:
sets:
events/1..8/:x;
operate(events,events)/1 2,1 3,2 4,3 7,4 5,5 6,6 7,7 8/:t,m,c,y;
endsets
data:
t = 6 5 3 2 2 3 4 2;
m = 4 3 1 1 1 1 2 2;
c = 800 600 300 300 600 400 200 200;
enddata
min = @sum(operate:c*y);
@for(operate(i,j):x(j) - x(i) + y(i,j) > t(i,j));
n = @size(events);
x(n) - x(1) < 17;
@for(operate:@bnd(0,y,t-m));
end
```

(4) 设 t_{ij}、a_{ij}、e_{ij}、b_{ij} 分别是完成作业 (i,j) 的实际时间（是一随机变量），最乐观时间，最可能时间，最悲观时间，通常用下面的方法计算相应的数学期望和方差：

$$E(t_{ij}) = \frac{a_{ij} + 4e_{ij} + b_{ij}}{6}, \tag{4.7}$$

$$\mathrm{var}(t_{ij}) = \frac{(b_{ij} - a_{ij})^2}{36}. \tag{4.8}$$

设 T 为实际工期,即

$$T = \sum_{(i,j) \in \text{关键路线}} t_{ij}. \tag{4.9}$$

由中心极限定理,可以假设 T 服从正态分布,并且期望值和方差满足

$$\overline{T} = E(T) = \sum_{(i,j) \in \text{关键路线}} E(t_{ij}), \tag{4.10}$$

$$S^2 = \mathrm{var}(T) = \sum_{(i,j) \in \text{关键路线}} \mathrm{var}(t_{ij}). \tag{4.11}$$

设规定的工期为 d,则在规定的工期内完成整个项目的概率为

$$P\{T \leq d\} = \Phi\left(\frac{d - \overline{T}}{S}\right). \tag{4.12}$$

对于这个问题采用最长路的方法。先按式(4.7)计算出各作业的期望值,再建立如下求关键路径的数学规划模型:

$$\max \sum_{(i,j) \in A} E(t_{ij}) x_{ij},$$

$$\text{s.t.} \begin{cases} \sum_{j:(i,j) \in A} x_{ij} - \sum_{j:(j,i) \in A} x_{ji} = \begin{cases} 1, & i = 1, \\ -1, & i = n, \\ 0, & i \neq 1, n, \end{cases} \\ x_{ij} = 0 \text{ 或 } 1, (i,j) \in A. \end{cases}$$

求出关键路径后,再由式(4.8)计算出关键路线上各作业方差的估计值,最后利用式(4.12)即可计算出完成作业的概率与完成整个项目的时间。

计算得到关键路线的时间期望为 20.17 周,标准差为 1.77 周,产品在 21 周上市的概率为 68.1%,以 95% 的概率完成新产品上市所需的周数为 24.1 周。

计算的 Lingo 程序如下:

```
model:
sets:
events/1..8/:zd;!整数规划约束条件的常数项;
operate(events,events)/1 2,1 3,2 4,3 7,4 5,5 6,6 7,7 8/:a,e,b,et,dt,x;
endsets
data:
a = 2 3 2 3 1 1 2 1;
e = 6 5 3 4 2 3 4 2;
b = 10 6 4 5 3 5 6 4;
zd = 1 0 0 0 0 0 0 -1;
limit = 21;
enddata
@for(operate:et = (a+4*e+b)/6;dt = (b-a)^2/36);
```

41

```
max = tbar;
tbar = @sum(operate:et * x);
@for(events(i):@sum(operate(i,j):x(i,j)) - @sum(operate(j,i):x(j,i)) = zd
(i));
s^2 = @sum(operate:dt * x);
p = @psn((limit - tbar)/s);
@psn((days - tbar)/s) = 0.95;
end
```

注:上述问题是非线性规划问题,必须把 Lingo 求解器设置成全局求解器。

4.8 某企业使用一台设备,在每年年初,企业领导部门就要决定是购置新的,还是继续使用旧的。若购置新设备,就要支付一定的购置费用;若继续使用旧设备,则需支付更多的维修费用。现在的问题是如何制定一个几年之内的设备更新计划,使得总的支付费用最少。以一个五年之内要更新某种设备的计划为例,若已知该种设备在各年年初的价格如表4.8所列。还已知使用不同时间(年)的设备所需要的维修费用如表4.9所列。如何制定使得总的支付费用最少的设备更新计划呢?

表4.8 设备购置价格

第1年	第2年	第3年	第4年	第5年
11	11	12	12	13

表4.9 设备维修费用

使用年限	0-1	1-2	2-3	3-4	4-5
维修费用	5	6	8	11	20

解 记 $v_i(i=1,\cdots,5)$ 表示第 i 年年初的时刻,v_6 表示第 5 年末的时刻,构造赋权图 $G=(V,A,W)$,其中 $V=\{v_1,\cdots,v_6\}$,A 为弧的集合,邻接矩阵 $W=(w_{ij})_{6\times 6}$,这里 w_{ij} 为 v_i 到 v_j 的费用,包括购置费用和维修费用两部分,得

$$W = \begin{bmatrix} 0 & 16 & 22 & 30 & 41 & 61 \\ \infty & 0 & 16 & 22 & 30 & 41 \\ \infty & \infty & 0 & 17 & 23 & 31 \\ \infty & \infty & \infty & 0 & 17 & 23 \\ \infty & \infty & \infty & \infty & 0 & 18 \\ \infty & \infty & \infty & \infty & \infty & 0 \end{bmatrix}$$

从而将总费用最少的设备更新计划问题,归结为求图 G 中从 v_1 到 v_6 的费用最短路,可以使用 Dijkstra 标号算法求解。

求解的 Matlab 程序如下:

```
clc, clear
a = zeros(6); % 邻接矩阵初始化
a(1,[2:6]) = [16 22 30 41 61]; % 输入邻接矩阵,注意这里实际上为有向图
a(2,[3:6]) = [16 22 30 41];
a(3,[4:6]) = [17 23 31];
```

a(4,[5,6])=[17 23];a(5,6)=18;
b=sparse(a);% 有向图直接变成稀疏矩阵就可以了
[dist,path]=graphshortestpath(b,1,6,'Directed',1) % 调用工具箱求最短路

求得的最优更新策略为第 3 年初更新设备,总费用为 53。

4.9 已知下列网络图有关数据如表 4.10 所列,设间接费用为 15 元/d,求最低成本日程。

表 4.10 网络图的有关数据

工作代号	正常时间		特急时间	
	工时/d	费用/元	工时/d	费用/元
①→②	6	100	4	120
②→③	9	200	5	280
②→④	3	80	2	110
③→④	0	0	0	0
③→⑤	7	150	5	180
④→⑥	8	250	3	375
④→⑦	2	120	1	170
⑤→⑧	1	100	1	100
⑥→⑧	4	180	3	200
⑦→⑧	5	130	2	220

解 设 a_{ij}, b_{ij} 分别表示工作 (i,j) 的正常工时和特急工时,c_{ij}, d_{ij} 分别表示工作 (i,j) 的正常费用和特急费用,x_i 表示事件 i 开始的时间,y_{ij} 表示工作 (i,j) 可能减少的天数,其中 V 表示事件集合,A 表示工作的集合。

总的费用包括三部分,间接费用 $15(x_8 - x_1)$,正常费用 $\sum_{(i,j) \in A} c_{ij}(a_{ij} - y_{ij})$,特急费用 $\sum_{(i,j) \in A} d_{ij} y_{ij}$,因而建立如下数学规划模型:

$$\min \ 15(x_8 - x_1) + \sum_{(i,j) \in A}(d_{ij} - c_{ij})y_{ij} + \sum_{(i,j) \in A} c_{ij} a_{ij},$$

$$\text{s.t.} \begin{cases} x_j - x_i \geq a_{ij} - y_{ij}, (i,j) \in A, i,j \in V, \\ 0 \leq y_{ij} \leq a_{ij} - b_{ij}, (i,j) \in A, i,j \in V, \\ x_1 = 0. \end{cases}$$

求得总的工期为 27 天,总费用为 7805 元。

计算的 Lingo 程序如下:
```
model:
sets:
events/1..8/:x;
operate(events,events)/1 2,2 3,2 4,3 4,3 5,4 6,4 7,5 8,6 8,7 8/:a,b,c,d,y;
endsets
data:
a=6 9 3 0 7 8 2 1 4 5;
```

43

```
b=4 5 2 0 5 3 1 1 3 2;
c=100 200 80 0 150 250 120 100 180 130;
d=120 280 110 0 180 375 170 100 200 220;
enddata
min=15*(x(8)-x(1))+@sum(operate:(d-c)*y+c*a);
@for(operate(i,j):x(j)-x(i)>a(i,j)-y(i,j));
@for(operate:@bnd(0,y,a-b));
x(1)=0;
end
```

补 充 习 题

4.10 已知有6个村庄,各村的小学生人数如表4.11所列,各村庄间的距离如图4.5所示。现在计划建造一所医院和一所小学,问医院应建在哪个村庄才能使最远村庄的人到医院看病所走的路最短?又问小学建在哪个村庄使得所有学生上学走的总路程最短?

表 4.11 各村小学生人数

村庄	v_1	v_2	v_3	v_4	v_5	v_6
小学生	50	40	60	20	70	90

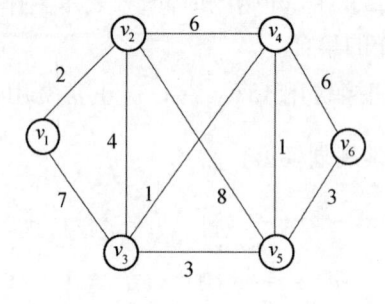

图 4.5 各村庄示意图

解 (1) 建立赋权完全图 $G=(V,E,W)$,其中 $V=\{v_1,v_2,\cdots,v_6\}$,权重邻接矩阵为

$$W = \begin{bmatrix} 0 & \infty & 7 & \infty & \infty & 2 \\ \infty & 0 & 4 & 6 & 8 & \infty \\ 7 & 4 & 0 & 1 & 3 & \infty \\ \infty & 6 & 1 & 0 & 1 & 6 \\ \infty & 8 & 3 & 1 & 0 & 3 \\ 2 & \infty & \infty & 6 & 3 & 0 \end{bmatrix}.$$

利用 Floyd 算法,求得任意两点间的最短距离矩阵为

$$A = (a_{ij})_{6\times 6} = \begin{bmatrix} 0 & 2 & 6 & 7 & 8 & 11 \\ 2 & 0 & 4 & 5 & 6 & 9 \\ 6 & 4 & 0 & 1 & 2 & 5 \\ 7 & 5 & 1 & 0 & 1 & 4 \\ 8 & 6 & 2 & 1 & 0 & 3 \\ 11 & 9 & 5 & 4 & 3 & 0 \end{bmatrix},$$

其中：$a_{ij}(i,j=1,2,\cdots,6)$ 表示第 i 村到第 j 村的最短距离。

A 的第 j 列值表示其他各村到第 j 村的距离，第 j 列的最大值表示离第 j 村最远的村到该村的距离，A 矩阵的各列最大值依次为 11,9,6,7,8,11，其中第 3 列的最大值最小，所以医院可以建在村 3。

（2）A 矩阵的第 i 列各元素表示第 i 村到其他各村的距离，记 $c_i(i=1,2,\cdots,6)$ 表示第 i 村的小学生人数。若到第 i 村上学，则所有小学生走的路程和为

$$s_i = \sum_{j=1}^{6} c_j a_{ji}.$$

若 $s_k = \min_{1\leq i\leq 6}\{s_i\}$，则学校应建在第 k 村。求得 $s_i(i=1,2,\cdots,6)$ 的数值如表 4.12 所列。从表 4.12 可以看出，学校建在第 4 村，所有学生上学走的总路程最短。

表 4.12　小学生上各村上学走的路程和

s_1	s_2	s_3	s_4	s_5	s_6
2130	1670	1070	1040	1050	1500

计算的 Matlab 程序如下

```
w = zeros(6);w(1,2) = 2;w(1,3) = 7;
w(2,3) = 4;w(2,4) = 6;w(2,5) = 8;
w(3,4) = 1;w(3,5) = 3;w(4,5) = 1;w(4,6) = 6;
w(5,6) = 3;
w = w'; w = sparse(w); % 构造 Matlab 工具箱需要的数据格式
a = graphallshortestpaths(w,'Directed',0)
su = max(a) % 求各列的最大值
c = [50 40 60 20 70 90];
s = c * a
```

4.11　在 10 个顶点的无向图中，每对顶点之间以概率 0.6 存在一条权重为 $[1,10]$ 上随机整数的边，首先生成该图。然后求解下列问题

（1）求该图的最小生成树；

（2）求顶点 v_1 到顶点 v_{10} 的最短距离及最短路径；

（3）求所有顶点对之间的最短距离。

解　计算及画图的 Matlab 程序如下：

```
clc, clear
a = rand(10); a = tril(a); % 截取下三角元素
a(1:11:end) = 0; % 对角线元素置 0;
randnum = randint(10,10,[1,10])
```

45

```
wx = (a > = 0.4).*randnum;   % 生成赋权图的邻接矩阵
wx = sparse(wx);   % 生成邻接矩阵下三角元素的稀疏矩阵
h = view(biograph(wx,[],'ShowArrows','off','ShowWeights','on'))   % 画出该图
[st,pred] = graphminspantree(wx,'Method','Kruskal')   % 求最小生成树
view(biograph(st,[],'ShowArrows','off','ShowWeights','on'))   % 画出最小生成树
[d,path,pred] = graphshortestpath(wx,1,10,'directed',false)   % 求顶点 1 到 10 的最短路
set(h.Nodes(path),'Color',[1 0.4 0.4])
fowEdges = getedgesbynodeid(h,get(h.Nodes(path),'ID'));
revEdges = getedgesbynodeid(h,get(h.Nodes(fliplr(path)),'ID'));
edges = [fowEdges;revEdges];
set(edges,'LineColor',[1 0 0])
set(edges,'LineWidth',1.5)
d2 = graphallshortestpaths(wx,'directed',false)
```

4.12 甲、乙两个煤矿分别生产煤 500 万吨,供应 A、B、C 三个电厂发电需要,各电厂用量分别为 300、300、400(单位:万吨)。已知煤矿之间、煤矿与电厂之间以及各电厂之间相互距离(单位:km)如表 4.13 ~ 表 4.15 所列。煤可以直接运达,也可经转运抵达,试确定从煤矿到各电厂间煤的最优调运方案。

表 4.13　两煤矿之间的距离

	甲	乙
甲	0	120
乙	100	0

表 4.14　从两煤矿到三个电厂之间的距离

	A	B	C
甲	150	120	80
乙	60	160	40

表 4.15　三个电厂之间的距离

	A	B	C
A	0	70	100
B	50	0	120
C	100	150	0

解　依次以甲乙两个煤矿和 A、B、C 三个电厂作为顶点集构造赋权有向图 $G = (V, E, W)$,这里 $V = \{v_1, v_2, \cdots, v_5\}$, v_1, v_2 表示甲乙两个煤矿, v_3, v_4, v_5 分别表示 A、B、C 三个电厂,权重为两个顶点之间的距离,其中

$$W = \begin{bmatrix} 0 & 120 & 150 & 120 & 80 \\ 100 & 0 & 60 & 160 & 40 \\ +\infty & +\infty & 0 & 70 & 100 \\ +\infty & +\infty & 50 & 0 & 120 \\ +\infty & +\infty & 100 & 150 & 0 \end{bmatrix}$$

应用 Floyd 算法,求出所有的顶点对之间的最短距离,然后提出需要的两个煤矿到 A、B、C 三个电厂最短距离,如表 4.16 所列。顶点之间的相对位置如图 4.6 和图 4.7 所示。

表 4.16 从两煤矿到三个电厂的最短距离

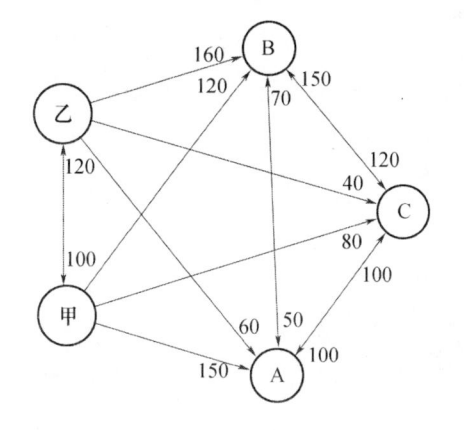

	A	B	C
甲	150	120	80
乙	60	130	40

图 4.6 五个顶点之间的相对位置

图 4.7 任意顶点对之间的最短距离

分别用 $i=1,2$ 表示甲、乙两个煤矿,$j=1,2,3$ 表示 A、B、C 三个电厂,c_{ij} 表示第 i 个煤矿到第 j 个电厂的最短距离,x_{ij} 表示第 i 个煤矿到第 j 个电厂的调运量。$a_i(i=1,2)$ 表示第 i 个煤矿的产量,$b_j(j=1,2,3)$ 表示第 j 个电厂的需求量。

这里是产量和需求平衡的运输问题,目标函数是使调运的总吨公里数最小。约束条件分成两类,产量约束和需求约束。

建立如下数学规划模型:

$$\min z = \sum_{i=1}^{2}\sum_{j=1}^{3} c_{ij}x_{ij},$$

$$\text{s.t.} \begin{cases} \sum_{j=1}^{3} x_{ij} = a_i, i=1,2, \\ \sum_{i=1}^{2} x_{ij} = b_j, j=1,2,3, \\ x_{ij} \geq 0, i=1,2; j=1,2,3. \end{cases}$$

利用 Lingo 程序求得最优调运方案如表 4.17 所列。调运的总万吨千米数为 78000。

表 4.17 从两煤矿到三个电厂的最优调运量(单位:万吨)

	A	B	C
甲	0	300	200
乙	300	0	200

计算及画图的 Matlab 程序如下：

```
clc, clear
w = zeros(5); % 邻接矩阵初始化
w(1,2) = 120; w(1,[3:5]) = [150 120 80]; % 逐个顶点输入邻接矩阵的取值
w(2,1) = 100; w(2,[3:5]) = [60 160 40];
w(3,[4 5]) = [70,100];
w(4,[3 5]) = [50 120];
w(5,[3 4]) = [100,150];
w = sparse(w); % 把邻接矩阵转化为稀疏矩阵
d = graphallshortestpaths(w)
NodeIDs = {'甲','乙','A','B','C'};% 节点标签,也就是h.Nodes(i).ID属性值
h = view(biograph(w,NodeIDs,'ShowWeights','on'))
set(h.Nodes,'shape','circle'); % 顶点画成圆形
h.EdgeType = 'segmented'; % 边的连接为线段
h.LayoutType = 'equilibrium';
dolayout(h) % 刷新图形
h2 = view(biograph(d,NodeIDs,'ShowWeights','on'))
h2.EdgeType = 'segmented'; % 边的连接为线段
h2.LayoutType = 'equilibrium';
dolayout(h2)
```

求解线性规划的 Lingo 程序如下：

```
model:
sets:
kuang/1 2/:a;
chang/1..3/:b;
link(kuang,chang):c,x;
endsets
data:
a = 500 500;
b = 300 300 400;
c = 150 120 80
    60  130 40;
enddata
min = @sum(link:c*x);
@for(kuang(i):@sum(chang(j):x(i,j)) = a(i));
@for(chang(j):@sum(kuang(i):x(i,j)) = b(j));
end
```

4.13 PageRank 算法是基于网页链接分析对关键字匹配搜索结果进行处理的。它借鉴传统引文分析思想:当网页甲有一个链接指向网页乙,就认为乙获得了甲对它贡献的分值,该值的多少取决于网页甲本身的重要程度,即网页甲的重要性越大,网页乙获得的贡献值就越高。由于网络中网页链接的相互指向,该分值的计算为一个迭代过程,最终网页根据所得分值进行检索排序。

互联网是一张有向图,每一个网页是图的一个顶点,网页间的每一个超链接是图的一个边,邻接矩阵 $B = (b_{ij})_{N \times N}$,如果从网页 i 到网页 j 有超链接,则 $b_{ij} = 1$,否则为 0。

记矩阵 B 的列和及行和分别是

$$c_j = \sum_{i=1}^{N} b_{ij}, r_i = \sum_{j=1}^{N} b_{ij},$$

它们分别给出了页面 j 的链入链接数目和页面 i 的链出链接数目。

假如在上网时浏览页面并选择下一个页面的过程,与过去浏览过哪些页面无关,而仅依赖于当前所在的页面。那么这一选择过程可以认为是一个有限状态、离散时间的随机过程,其状态转移规律用 Markov 链描述。定义矩阵 $A = (a_{ij})_{N \times N}$ 为

$$a_{ij} = \frac{1-d}{N} + d \frac{b_{ij}}{r_i}, i,j = 1,2,\cdots,N.$$

式中:d 是模型参数,通常取 $d = 0.85$;A 是 Markov 链的转移概率矩阵;a_{ij} 表示从页面 i 转移到页面 j 的概率。根据 Markov 链的基本性质,对于正则 Markov 链存在平稳分布 $x = [x_1,\cdots,x_N]^T$,满足

$$A^T x = x, \sum_{i=1}^{N} x_i = 1.$$

式中:x 为在极限状态(转移次数趋于无限)下各网页被访问的概率分布,Google 将它定义为各网页的 PageRank 值。假设 x 已经得到,则它按分量满足方程

$$x_k = \sum_{i=1}^{N} a_{ik} x_i = (1-d) + d \sum_{i: b_{ik}=1} \frac{x_i}{r_i}.$$

网页 i 的 PageRank 值是 x_i,它链出的页面有 r_i 个,于是页面 i 将它的 PageRank 值分成 r_i 份,分别"投票"给它链出的网页。x_k 为网页 k 的 PageRank 值,即网络上所有页面"投票"给网页 k 的最终值。

根据 Markov 链的基本性质还可以得到,平稳分布(即 PageRank 值)是转移概率矩阵 A 的转置矩阵 A^T 的最大特征值(= 1)所对应的归一化特征向量。

已知一个 $N = 6$ 的网络如图 4.8 所示,求它的 PageRank 取值。

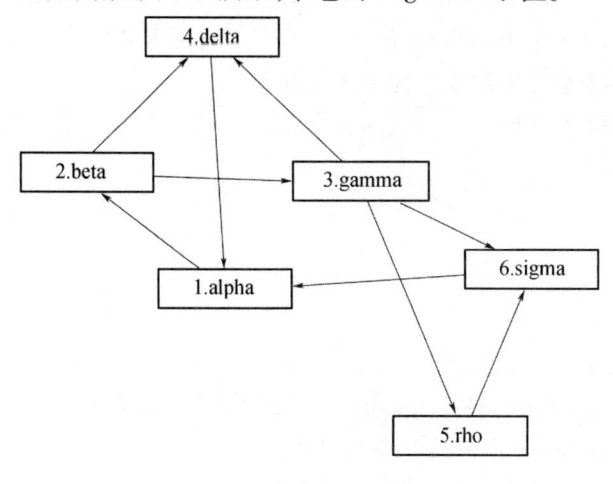

图 4.8 网络结构示意图

解 相应的邻接矩阵 B 和 Markov 链转移概率矩阵 A 分别为

$$B = \begin{bmatrix} 0 & 1 & 0 & 0 & 0 & 0 \\ 0 & 0 & 1 & 1 & 0 & 0 \\ 0 & 0 & 0 & 1 & 1 & 1 \\ 1 & 0 & 0 & 0 & 0 & 0 \\ 0 & 0 & 0 & 0 & 0 & 1 \\ 1 & 0 & 0 & 0 & 0 & 0 \end{bmatrix},$$

$$A = \begin{bmatrix} 0.025 & 0.875 & 0.025 & 0.025 & 0.025 & 0.025 \\ 0.025 & 0.025 & 0.45 & 0.45 & 0.025 & 0.025 \\ 0.025 & 0.025 & 0.025 & 0.3083 & 0.3083 & 0.3083 \\ 0.875 & 0.025 & 0.025 & 0.025 & 0.025 & 0.025 \\ 0.025 & 0.025 & 0.025 & 0.025 & 0.025 & 0.875 \\ 0.875 & 0.025 & 0.025 & 0.025 & 0.025 & 0.025 \end{bmatrix}.$$

计算得到该 Markov 链的平稳分布为

$$x = \begin{bmatrix} 0.2675 & 0.2524 & 0.1323 & 0.1697 & 0.0625 & 0.1156 \end{bmatrix}^{\mathrm{T}}.$$

这就是六个网页的 PageRank 值,其直方图如图 4.9 所示。

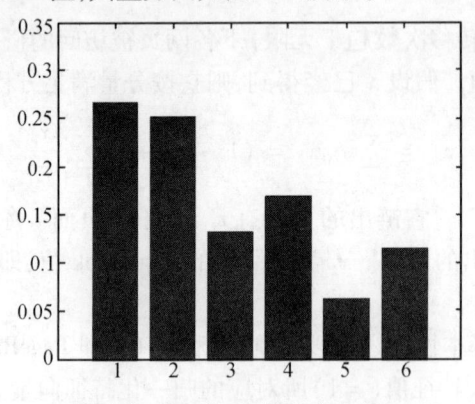

图 4.9 PageRank 值的直方图

编号 1 的网页 alpha 的 PageRank 值最高,编号 5 的网页 rho 的 PageRank 值最低,网页的 PageRank 值从大到小的排序依次为 1,2,4,6,3,5。

计算的 Matlab 程序如下:

```
clc,clear
B = zeros(6);
B(1,2) =1; B(2,[3,4]) =1;
B(3,[4:6]) =1; B(4,1) =1;
B(5,6) =1; B(6,1) =1;
nodes ={'1.alpha','2.beta','3.gamma','4.delta','5.rho','6.sigma'};
h = view(biograph(B,nodes,'ShowWeights','off','ShowArrows','on'))
h.EdgeType ='segmented';  % 边的连接为线段
h.LayoutType ='equilibrium';
```

```
dolayout(h) % 刷新图形
r = sum(B,2); n = length(B);
for i = 1:n
    for j = 1:n
        A(i,j) = 0.15/n + 0.85 * B(i,j)/r(i);  % 构造状态转移矩阵
    end
end
A % 显示状态转移矩阵
[x,y] = eigs(A',1); % 求最大特征值对应的特征向量
x = x/sum(x) % 特征向量归一化
bar(x) % 画 PageRank 值的直方图
```

4.14 随着现代科学技术的发展,每年都有大量的学术论文发表。如何衡量学术论文的重要性,成为学术界和科技部门普遍关心的一个问题。有一种确定学术论文重要性的方法是考虑论文被引用的状况,包括被引用的次数以及引用论文的重要性程度。假如用有向图来表示论文引用关系,"A"引用"B"可用图 4.10 表示。

图 4.10 引用关系图

现有 A、B、C、D、E、F 6 篇学术论文,它们的引用关系如图 4.11 所示。

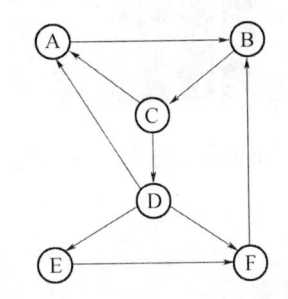

图 4.11 6 篇论文的引用关系

设计依据上述引用关系排出 6 篇论文重要性顺序的模型与算法,并给出用该算法排得的结果。

解 通过计算 6 篇论文的 PageRank 值来对 6 篇论文重要性进行排序。图 4.11 对应有向图 $G = (V, E, W)$,其中顶点集 $V = \{v_1, \cdots, v_6\}$,$v_1, \cdots, v_6$ 分别对应 A、B、C、D、E、F 6 篇学术论文,邻接矩阵

$$W = (w_{ij})_{6\times 6} = \begin{bmatrix} 0 & 1 & 0 & 0 & 0 & 0 \\ 0 & 0 & 1 & 0 & 0 & 0 \\ 1 & 0 & 0 & 1 & 0 & 0 \\ 1 & 0 & 0 & 0 & 1 & 1 \\ 0 & 0 & 0 & 0 & 0 & 1 \\ 0 & 1 & 0 & 0 & 0 & 0 \end{bmatrix},$$

记顶点 v_i 的出度为 r_i,则 $r_i = \sum_{j=1}^{6} w_{ij}$,构造状态转移矩阵 $\boldsymbol{P} = (p_{ij})_{6\times 6}$,其中

$$p_{ij} = \frac{1-d}{6} + d\frac{w_{ij}}{r_i},$$

这里 d 是模型参数,通常取 $d = 0.85$,p_{ij} 表示从 v_i 转移到 v_j 的概率。计算得

$$\boldsymbol{P} = \begin{bmatrix} 0.025 & 0.875 & 0.025 & 0.025 & 0.025 & 0.025 \\ 0.025 & 0.025 & 0.875 & 0.025 & 0.025 & 0.025 \\ 0.45 & 0.025 & 0.025 & 0.45 & 0.025 & 0.025 \\ 0.3083 & 0.025 & 0.025 & 0.025 & 0.3083 & 0.3083 \\ 0.025 & 0.025 & 0.025 & 0.025 & 0.025 & 0.875 \\ 0.025 & 0.875 & 0.025 & 0.025 & 0.025 & 0.025 \end{bmatrix},$$

求矩阵 $\boldsymbol{P}^{\mathrm{T}}$ 最大特征值 1 对应的归一化特征向量,即 6 篇论文的 PageRank 值分别为

$$[0.1697 \quad 0.2675 \quad 0.2524 \quad 0.1323 \quad 0.0625 \quad 0.1156]^{\mathrm{T}},$$

其直方图如图 4.12 所示。6 篇论文重要性的从高到低排列次序为 2,3,1,4,6,5。

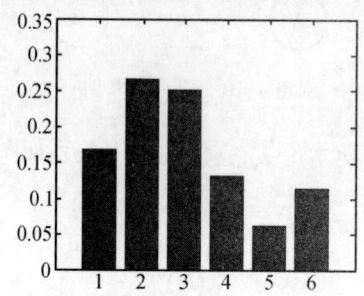

图 4.12 6 篇论文的 PageRank 值直方图

计算的 Matlab 程序如下:

```
clc, clear
B = zeros(6);
B(1,2) = 1; B(2,3) = 1;
B(3,[1 4]) = 1; B(4,[1 5 6]) = 1;
B(5,6) = 1; B(6,2) = 1;
nodes = {'A','B','C','D','E','F'};
h = view(biograph(B,nodes,'ShowWeights','off','ShowArrows','on'))
h.EdgeType = 'segmented'; % 边的连接为线段
h.LayoutType = 'equilibrium';
dolayout(h) % 刷新图形
r = sum(B,2); n = length(B);
for i = 1:n
    for j = 1:n
        A(i,j) = 0.15/n + 0.85*B(i,j)/r(i);  % 构造状态转移矩阵
    end
end
```

```
A % 显示状态转移矩阵
[x,y] = eigs(A',1); % 求最大特征值对应的特征向量
x = x/sum(x) % 特征向量归一化
bar(x) % 画 PageRank 值的直方图
```

4.15　Voronoi 图。Voronoi 图最早应用在气象学中,荷兰气候学家 Thiessen A. H. 利用它研究降雨量的问题。

设 $S = \{p_1, p_2, \cdots, p_n\}$ 为二维欧氏空间上的点集,将由

$$V(p_i) = \bigcap_{j \neq i} \{p \mid d(p, p_i) < d(p, p_j)\}, i = 1, 2, \cdots, n$$

所给出的对平面的剖分,称为以 p_i 为生成元的 Voronoi 图,简称 V 图。图中的顶点和边分别称为 Voronoi 点和 Voronoi 边,$V(p_i)$ 称为点 P_i 的 Voronoi 区域(多边形),其中 $d(p, p_i)$ 为点 p 和点 p_i 之间的欧几里得距离。

Voronoi 图将相邻两个生成元相连接,并且做出连接线段的垂直评分线,这些垂直平分线之间的交线就形成一些多边形,这样就把整个平面剖分成一些分区域,一个分区域只含有一个生成元,分区域内生成元的属性可以代替此分区域的属性,而且可以根据分区域的面积作为权重推测出该区域中生成元的平均水平。

若两个生成元 p_i, p_j 的 Voronoi 区域有公共边,就连接这两个点,以此类推遍历这 n 个生成元,可以得到一个连接点集 S 的唯一确定的网络,称为 Delaunay 三角网格,图 4.13 是 Matlab 软件画出的 10 平面点的 Voronoi 图及对偶 Delaunay 三角网格图。

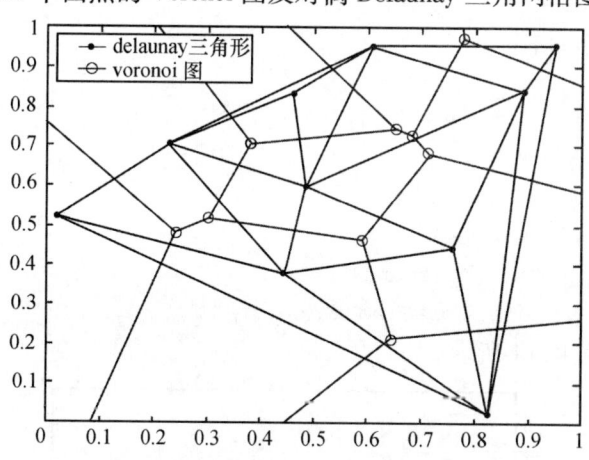

图 4.13　Voronoi 图及其对偶 Delauny 三角网格图

Voronoi 图具有下列重要性质:

(1) Voronoi 图与 Delaunay 三角网格图对偶;

(2) Voronoi 图具有局域动态性,即增加和删除一个生成元只影响相邻生成元的 Voronoi 区域;

(3) 如果点 p_i 在区域 $V(p_i)$ 中,则 p 到各生成元的距离中,到生成元 p_i 的距离最小;

(4) 两个相邻 Voronoi 区域的公共边上任意一点到这两个区域的生成元距离相等;

(5) Voronoi 区域的顶点到邻近的生成元的距离相等,即与这个顶点有关的 Voronoi 区域的生成元共圆,称这个圆为最大空圆。

画出表 4.18 中数据对应的 10 个点的 Voronoi 图及其对偶 Delauny 三角网格图。

表 4.18　数据点横坐标与纵坐标数据

x	0.9501	0.2311	0.6068	0.486	0.8913	0.7621	0.4565	0.0185	0.8214	0.4447
y	0.9528	0.7041	0.9539	0.5982	0.8407	0.4428	0.8368	0.5187	0.0222	0.3759

解　画图的 Matlab 程序如下：

```
clc, clear
x = [0.9501 0.2311 0.6068 0.4860 0.8913 0.7621 0.4565 0.0185 0.8214 0.4447];
y = [0.9528 0.7041 0.9539 0.5982 0.8407 0.4428 0.8368 0.5187 0.0222 0.3759];
[vx,vy] = voronoi(x,y);
plot(x,y,'k.-',vx,vy,'ko-');
xlim([0 1]), ylim([0 1])
hold on
tri = delaunay(x,y);
h = triplot(tri,x,y,'k-');
legend('delaunay 三角形','voronoi 图',2)
```

4.16　画出向量 [0,1,2,2,4,4,4,1,8,8,10,10] 索引关系对应的树，其中第 1 个分量为 0，表示节点 1 的父节点为 0，即节点 1 为根节点，第 2 个分量为 1，表示节点 2 的父节点为节点 1，依次类推。

解　Matlab 程序如下：

```
clc, clear
nodes = [0 1 2 2 4 4 4 1 8 8 10 10];
treeplot(nodes,'.b')
count = length(nodes);
[x,y] = treelayout(nodes)
name = cellstr(num2str((1:count)'))
text(x+0.008, y, name,'FontSize',8,'color','k')
```

画出的树图如图 4.14 所示。

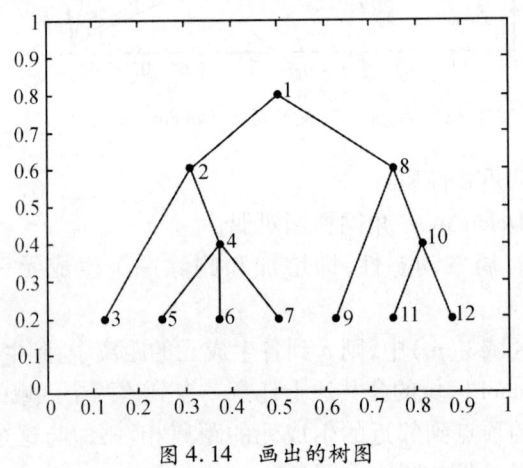

图 4.14　画出的树图

4.17 已知 8 个顶点所构成无向图的顶点横坐标 x_0、纵坐标 y_0 及邻接矩阵 A 对应的上三角矩阵 $\widetilde{A}$ 分别为

$$x_0 = \begin{bmatrix} 1 & 2 & 3 & 4 & 5 & 6 & 7 & 8 \end{bmatrix},$$

$$y_0 = \begin{bmatrix} 2 & 5 & 2 & 4 & 8 & 5 & 7 & 4 \end{bmatrix},$$

$$\widetilde{A} = \begin{bmatrix} 0 & 1 & 1 & 0 & 0 & 0 & 0 & 0 \\ 0 & 0 & 0 & 1 & 1 & 0 & 1 & 0 \\ 0 & 0 & 0 & 0 & 0 & 0 & 1 & 1 \\ 0 & 0 & 0 & 0 & 1 & 0 & 1 & 0 \\ 0 & 0 & 0 & 0 & 0 & 1 & 0 & 0 \\ 0 & 0 & 0 & 0 & 0 & 0 & 1 & 0 \\ 0 & 0 & 0 & 0 & 0 & 0 & 0 & 1 \\ 0 & 0 & 0 & 0 & 0 & 0 & 0 & 0 \end{bmatrix},$$

画出该无向图。

解 画图的 Matlab 程序如下：

```
clc, clear
x0 = [1:8]; y0 = [2,5,2,4,8,5,7,4];
a = zeros(8);
a(1,[2,3]) = 1; a(2,[4,5,7]) = 1;
a(3,[7,8]) = 1; a(4,[5,7]) = 1;
a(5,6) = 1; a(6,7) = 1; a(7,8) = 1;
coordinate = [x0',y0'];
gplot(a,coordinate,'o-')
name = cellstr(num2str((1:8)'))
text(x0+0.1, y0, name,'FontSize',8,'color','k')
xlim([1,8.5]), ylim([1,8.5])
```

画出的无向图如图 4.15 所示。

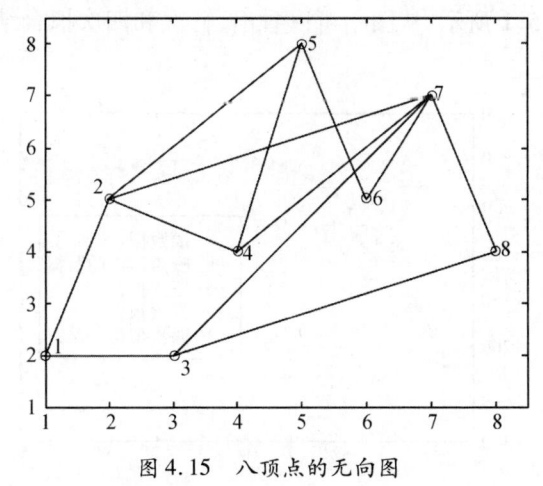

图 4.15 八顶点的无向图

第5章 插值与拟合习题解答

5.1 用给定的多项式，如 $y = x^3 - 6x^2 + 5x - 3$，产生一组数据 (x_i, y_i)，$i = 1, 2, \cdots, m$，再在 y_i 上添加随机干扰（可用 rand 产生 $[0,1]$ 均匀分布随机数，或用 randn 产生 $N(0,1)$ 分布随机数），然后用 x_i 和添加了随机干扰的 y_i 作3次多项式拟合，与原系数比较。如果作2或4次多项式拟合，结果如何？

解 画图和计算的 Matlab 程序如下：

```
clc, clear
x = -5:0.3:5; L = length(x);
a = [1 -6 5 -3]; % 定义多项式的系数向量
y = polyval(a,x); % 计算多项式的值
plot(x,y,'.-')
no = randn(1,L); % 产生噪声序列
hold on
plot(x,y+no,'*'); % 画出噪声点
b1 = polyfit(x,y+no,3); % 受污染的数据拟合三次多项式
y1 = polyval(b1,x); plot(x,y1,'>-')
b2 = polyfit(x,y+no,2); % 受污染的数据拟合二次多项式
y2 = polyval(b2,x); plot(x,y2,'<-')
b3 = polyfit(x,y+no,4); % 受污染的数据拟合四次多项式
y3 = polyval(b3,x); plot(x,y3,'rP-')
legend('原数据点','噪声污染的数据','三次拟合','二次拟合','四次拟合',0)
```

拟合的结果如图 5.1 所示，从图中可以看出，三次和四次拟合结果都较好，二次拟合效果较差。

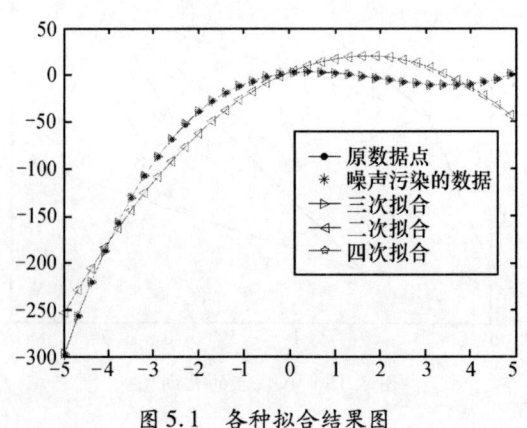

图 5.1 各种拟合结果图

5.2 已知平面区域$0\leq x\leq 5600,0\leq y\leq 4800$的高程数据如表5.1所列(单位:m)。

表5.1 高程数据表

4800	1350	1370	1390	1400	1410	960	940	880	800	690	570	430	290	210	150
4400	1370	1390	1410	1430	1440	1140	1110	1050	950	820	690	540	380	300	210
4000	1380	1410	1430	1450	1470	1320	1280	1200	1080	940	780	620	460	370	350
3600	1420	1430	1450	1480	1500	1550	1510	1430	1300	1200	980	850	750	550	500
3200	1430	1450	1460	1500	1550	1600	1550	1600	1600	1600	1550	1500	1500	1550	1550
2800	950	1190	1370	1500	1200	1100	1550	1600	1550	1380	1070	900	1050	1150	1200
2400	910	1090	1270	1500	1200	1100	1350	1450	1200	1150	1010	880	1000	1050	1100
2000	880	1060	1230	1390	1500	1500	1400	900	1100	1060	950	870	900	936	950
1600	830	980	1180	1320	1450	1420	400	1300	700	900	850	810	380	780	750
1200	740	880	1080	1130	1250	1280	1230	1040	900	500	700	780	750	650	550
800	650	760	880	970	1020	1050	1020	830	800	700	300	500	550	480	350
400	510	620	730	800	850	870	850	780	720	650	500	200	300	350	320
0	370	470	550	600	670	690	670	620	580	450	400	300	100	150	250
y/x	0	400	800	1200	1600	2000	2400	2800	3200	3600	4000	4400	4800	5200	5600

试用二维插值求x,y方向间隔都为50的高程,并画出该区域的等高线。

解 首先把高程数据保存到纯文本文件data51.txt中,插值和画等高线的Matlab程序如下:

```
clc, clear
x0 = 0:400:5600; y0 = 4800: -400:0;
z0 = load('data51.txt');
pp = csape({x0,y0},z0'); % 进行二维样条插值
x = 0:50:5600; y = 4800: -50:0;
z = fnval(pp,{x,y}); % 求插值后的高程值
subplot(1,2,1),c = contourf(x,y,z',10);clabel(c) % 画等高线
subplot(1,2,2),surf(x,y,z') % 画三维表面图
```

画出的等高线如图5.2所示。

5.3 用最小二乘法求一形如$y = ae^{bx}$的经验公式拟合表5.2中的数据。

表5.2 已知数据

x_i	1	2	3	4	5	6	7	8
y_i	15.3	20.5	27.4	36.6	49.1	65.6	87.87	117.6

解 对$y = ae^{bx}$两边取对数得$\ln y = \ln a + bx$,下面用线性最小二乘法拟合参数$\ln a$和b,进而可以得到参数a的拟合值,求解的Matlab程序如下:

```
clc, clear
x = [1:8]';
y = [15.3  20.5 27.4 36.6 49.1 65.6 87.87  117.6]';
xishu = [ones(8,1),x]; % 构造系数矩阵
```

57

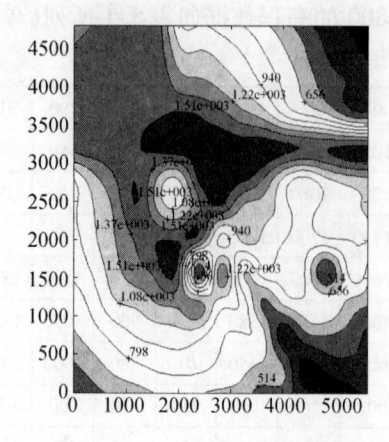

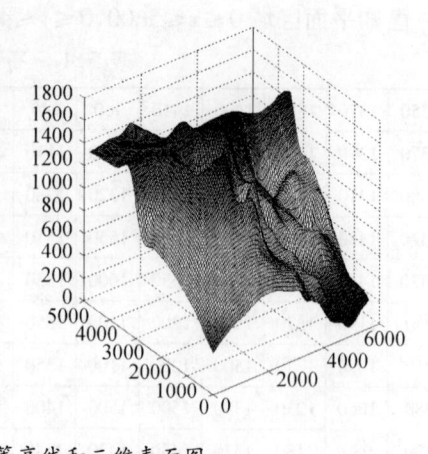

图 5.2 地形的等高线和三维表面图

```
cs = xishu\log(y); % 线性最小二乘法拟合参数
cs(1) = exp(cs(1))  % 把 lna 变换成 a
```
拟合的函数为 $y = 11.4358e^{0.2913x}$。

5.4 (水箱水流量问题)许多供水单位由于没有测量流入或流出水箱流量的设备,而只能测量水箱中的水位。试通过测得的某时刻水箱中水位的数据,估计在任意时刻(包括水泵灌水期间)t 流出水箱的流量 $f(t)$。

给出原始数据表 5.3,其中长度单位为 E(1E = 30.24cm)。水箱为圆柱体,其直径为 57E。

表 5.3 水位数据表

时间/s	水位/10^{-2}E	时间/s	水位/10^{-2}E
0	3175	44636	3350
3316	3110	49953	3260
6635	3054	53936	3167
10619	2994	57254	3087
13937	2947	60574	3012
17921	2892	64554	2927
21240	2850	68535	2842
25223	2795	71854	2767
28543	2752	75021	2697
32284	2697	79254	泵水
35932	泵水	82649	泵水
39332	泵水	85968	3475
39435	3550	89953	3397
43318	3445	93270	3340

假设：

(1) 影响水箱流量的唯一因素是该区公众对水的普通需要；

(2) 水泵的灌水速度为常数；

(3) 从水箱中流出水的最大流速小于水泵的灌水速度；

(4) 每天的用水量分布都是相似的；

(5) 水箱的流水速度可用光滑曲线来近似；

(6) 当水箱的水容量达到 514×10^3 g 时，开始泵水；达到 677.6×10^3 g 时，便停止泵水。

解 要估计在任意时刻(包括水泵灌水期间) t 流出水箱的流量 $f(t)$，分如下两步。

(1) 水塔中水的体积的计算。计算水的流量，首先需要计算出水塔中水的体积：

$$V = \frac{\pi}{4} D^2 h.$$

式中：D 为水塔的直径；h 为水塔中的水位高度。

(2) 水塔中水流速度的估计。水流速度应该是水塔中水的体积对时间的导数，但由于没有每一时刻水体积的具体数学表达式，只能用差商近似导数。

由于在两个时段，水泵向水塔供水，无法确定水位的高度，因此在计算水塔中水流速度时要分三段计算。第一段从 0s 到 32284s，第二时段从 39435s 到 75021s，第三段从 85968s 到 93270s。

上面计算仅给出流速的离散值，如果需要得到流速的连续型曲线，需要作插值处理，这里可以使用三次样条插值。

如果要计算 24h 的用水量，需要对水流速度做积分，由于没有给出流速的表达式，可以采用数值积分的方法计算。

用 Matlab 软件计算时，首先把原始数据粘贴到纯文本文件 data53 中，并且把"泵水"替换为数值 -1。计算的 Matlab 程序如下：

```
clc, clear
a = load('data53.txt');
t0 = a(:,[1,3]); t0 = t0(:); % 提出时间数据,并展开成列向量
h0 = a(:,[2,4]); h0 = h0(:); % 提出高度数据,并展开成列向量
hs = 0.3024; % 单位换算数据
D = 57 * hs; % 水塔直径,单位 m
h = h0/100 * hs; % 高度数据,单位换算成 m
t = t0/3600; % 时间单位化成小时
V = pi/4 * D^2 * h; % 计算各时刻的体积
dv = gradient(V,t); % 计算各时刻的数值导数(导数近似值)
no1 = find(h0 == -1) % 找出原始无效数据的地址
no2 = [no1(1) -1:no1(2) +1,no1(3) -1:no1(4) +1] % 找出导数数据的无效地址
tt = t; tt(no2) = []; % 删除导数数据无效地址对应的时间
dv2 = -dv; dv2(no2) = []; % 给出各时刻的流速
plot(tt,dv2,'*') % 画出流速的散点图
pp = csape(tt,dv2); % 对流速进行插值
```

```
tt0 =0:0.1:tt(end); % 给出插值点
fdv =ppval(pp,tt0); % 计算各插值点的流速值
hold on, plot(tt0,fdv) % 画出插值曲线
I = trapz(tt0(1:241),fdv(1:241)) % 计算24h内总流量的数值积分
```

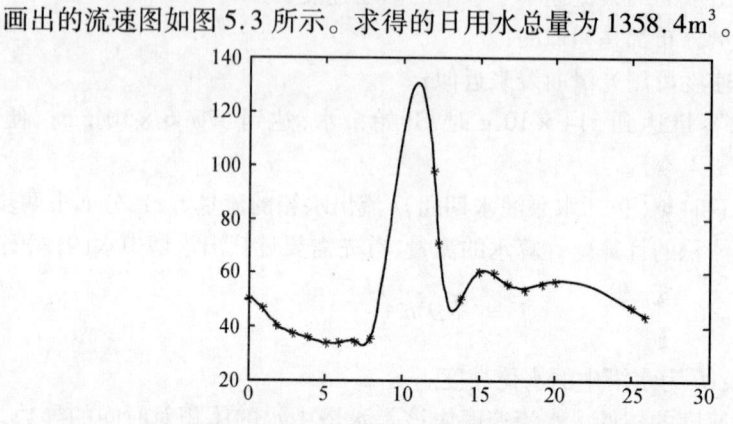

画出的流速图如图 5.3 所示。求得的日用水总量为 1358.4m^3。

图 5.3 流速的散点图和样条插值函数图

补 充 习 题

5.5 已知函数

$$y = (x^2 + 2x + 3)e^{-2x},$$

给定 x 的取值从 0 到 1 步长为 0.1 的数据点,用三次样条函数求该函数的导数,并且与理论结果进行比较。

解 计算及画图的 Matlab 程序如下:

```
clc, clear
syms x
y=(x^2+2*x+3)*exp(-2*x);
dy=diff(y);
ezplot(dy,[0,1]), hold on
x0 =0:0.1:1; y0 =(x0.^2+2*x0+3).*exp(-2*x0);
pp = csape(x0,y0); % 进行三次样条插值
ddy = fnder(pp); % 求样条函数的导数函数,结果为 pp 数据结构
ddy0 = ppval(ddy,x0); % 计算样条函数的导数在离散点上的取值
plot(x0,ddy0,'-P') % 画出数值导数对应的数据点
legend('理论值','数值解',0)
title('理论值与数值解的对照')
```

5.6 已知函数

$$y = (x^2 + 2x + 3)e^{-2x},$$

给定 x 的取值从 0 到 1 步长为 0.1 的数据点,用三次样条函数求该函数在区间 $[0,1]$ 上的积分,并且与理论结果进行比较。

解 计算的 Matlab 程序如下:

```
clc,clear
syms x
y = (x^2 + 2*x + 3)*exp(-2*x);
I1 = int(y,0,1) % 符号函数积分,求精确的积分值
I2 = double(I1) % 转化成数值类型数据
x0 = 0:0.1:1; y0 = (x0.^2 + 2*x0 + 3).*exp(-2*x0); % 取数据点
pp = csape(x0,y0); % 进行三次样条插值
sy = fnint(pp); % 求样条函数的积分函数,结果为 pp 数据结构
I3 = ppval(sy,1) - ppval(sy,0) % 求样条函数积分的值
```

5.7 已知一个地区的边界点数据如表 5.4 所列,试估算该地区的边界线长及近似面积。

表 5.4 边界点数据表

x	7.0	10.5	13.0	17.5	34.0	40.5	44.5	48.0	56.0
y_1	44	45	47	50	50	38	30	30	34
y_2	44	59	70	72	93	100	110	110	110
x	61.0	68.5	76.5	80.5	91.0	96.0	101.0	104.0	106.5
y_1	36	34	41	45	46	43	37	33	28
y_2	117	118	116	118	118	121	124	121	121
x	111.5	118.0	123.5	136.5	142.0	146.0	150.0	157.0	158.0
y_1	32	65	55	54	52	50	66	66	68
y_2	121	122	116	83	81	82	86	85	68

解 该地区的示意图如图 5.4 所示。

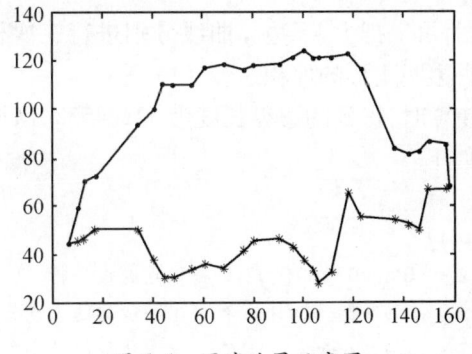

图 5.4 区域边界示意图

若区域的下边界和上边界曲线的方程分别为 $y_1 = y_1(x), y_2 = y_2(x), a \leqslant x \leqslant b$,则该地区的边界线长为

$$\int_a^b \sqrt{1 + y_1'(x)^2}\,\mathrm{d}x + \int_a^b \sqrt{1 + y_2'(x)^2}\,\mathrm{d}x,$$

计算时用数值积分即可。

计算该区域的面积,可以把该区域看成是上、下两个边界为曲边的曲边四边形,则区域的面积为

$$S = \int_a^b (y_2(x) - y_1(x)) \mathrm{d}x.$$

计算相应的数值积分就可求出面积。

求得该地区的边界线长为 435.7293,该地区的近似面积为 8588.8,计算的 Matlab 程序如下:

```
clc, clear
a = [7.0   10.5  13.0  17.5  34.0  40.5  44.5  48.0  56.0
     44    45    47    50    38    30    30    34
     44    59    70    72    93    100   110   110   110
     61.0  68.5  76.5  80.5  91.0  96.0  101.0 104.0 106.5
     36    34    41    45    46    43    37    33    28
     117   118   116   118   118   121   124   121   121
     111.5 118.0 123.5 136.5 142.0 146.0 150.0 157.0 158.0
     32    65    55    54    52    50    66    66    68
     121   122   116   83    81    82    86    85    68];
x0 = a(1:3:end,:); x0 = x0'; x0 = x0(:);  % 提取点的横坐标
y1 = a(2:3:end,:); y1 = y1'; y1 = y1(:);  % 提出下边界的纵坐标
y2 = a(3:3:end,:); y2 = y2'; y2 = y2(:);
plot(x0,y1,'* -')  % 画下边界曲线
hold on
plot(x0,y2,'. -')  % 画上边界曲线
L1 = trapz(x0,sqrt(1 + gradient(y1,x0).^2))  % 计算下边界的长度
L2 = trapz(x0,sqrt(1 + gradient(y2,x0).^2))  % 计算上边界的长度
L = L1 + L2  % 计算边界的长度
S = trapz(x0,y2 - y1)  % 计算近似面积
```

为了提高计算的精度,可以把上、下边界曲线分别进行三次样条插值,利用三次样条函数计算相应的弧长和曲边四边形的面积。

利用三次样条插值计算时,得到的边界长度为 522.4533,区域的面积为 8601.3。

计算的 Matlab 程序如下:

```
clc, clear
a = load('data54.txt');
x0 = a(1:3:end,:); x0 = x0'; x0 = x0(:);  % 提取点的横坐标
y1 = a(2:3:end,:); y1 = y1'; y1 = y1(:);  % 提出下边界的纵坐标
y2 = a(3:3:end,:); y2 = y2'; y2 = y2(:);  % 提出上边界的纵坐标
pp1 = csape(x0,y1); pp2 = csape(x0,y2);  % 计算三次样条插值函数
dp1 = fnder(pp1); dp2 = fnder(pp2);  % 求三次样条插值函数的导数
L = quad(@(x)sqrt(1 + fnval(dp1,x).^2) + sqrt(1 + fnval(dp2,x).^2),x0(1),x0(end))
S = quad(@(x)fnval(pp2,x) - fnval(pp1,x),x0(1),x0(end))  % 计算面积
```

5.8 用 Matlab 命令 randint(5,2,[0,10])生成 5×2 的随机矩阵,其中矩阵第 1 列的数据作为 x 的观测值,矩阵第 2 列的数据作为 y 对应的观测值,来拟合二次曲线方程
$$ax^2 + bxy + cy^2 = 3,$$
并画出拟合的二次曲线。

解 拟合二次曲线方程,就是在最小二乘准则下,求出方程 $ax^2 + bxy + cy^2 + d = 0$ 中的系数 a,b,c,使得
$$\min \sum_{n=1}^{5} (ax_i^2 + bx_i y_i + cy_i^2 - 3)^2$$
成立,其中 $x_i, y_i, i = 1, 2, \cdots, 5$ 为观测值。

使用 Matlab 的命令 nlinfit(也可以使用 lsqcurvefit)来拟合二次曲线系数。拟合的曲线如图 5.5 所示,计算及画图的 Matlab 程序如下:

```
clc, clear
xy0 = randint(5,2,[0,10]); % 生成观测数据矩阵
F = @(s,xy)s(1)*xy(:,1)+s(2)*xy(:,1).*xy(:,2)+s(3)*xy(:,2)-3; % 定义匿名函数
FF = @(s,xy)(s(1)*xy(:,1)+s(2)*xy(:,1).*xy(:,2)+s(3)*xy(:,2)-3).^2;
s0 = rand(1,3); % 拟合参数的初始值是任意取的
s1 = nlinfit(xy0,zeros(length(xy0),1),FF,s0)
s2 = lsqcurvefit(FF,s0,xy0,zeros(length(xy0),1))
plot(xy0(:,1),xy0(:,2),'o')
hold on
h = ezplot(@(x,y)F(s1,[x,y]),[0,10,0,10])
colormap([0,0,0]) % 画黑色曲线
title('二次曲线拟合'), legend('样本点','拟合曲线',0)
```

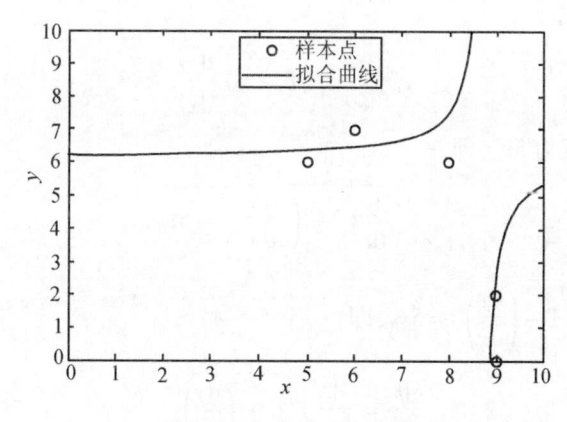

图 5.5 拟合的二次曲线

第6章 微分方程建模习题解答

6.1 设位于坐标原点的甲舰向位于 x 轴上点 $A(1,0)$ 处的乙舰发射导弹,导弹始终对准乙舰。如果乙舰以最大的速度 v_0(v_0 是常数)沿平行于 y 轴的直线行驶,导弹的速度是 $5v_0$,求导弹运行的曲线。又乙舰行驶多远时,导弹将它击中?

解 设导弹运行曲线的参数方程为

$$\begin{cases} x = x(t), \\ y = y(t), \end{cases}$$

即在时刻 t,导弹的位置在点 $(x(t), y(t))$,这时乙舰的位置在 $(1, v_0 t)$。由于导弹始终对准乙舰,而导弹运行方向是沿曲线的切线方向,所以有

$$\frac{dy}{dx} = \frac{v_0 t - y}{1 - x},$$

整理,得

$$v_0 t - y = (1 - x)\frac{dy}{dx},$$

两边对 x 求导,得

$$v_0 \frac{dt}{dx} - \frac{dy}{dx} = (1 - x)\frac{d^2 y}{dx^2} - \frac{dy}{dx},$$

即

$$v_0 \frac{dt}{dx} = (1 - x)\frac{d^2 y}{dx^2}. \tag{6.1}$$

已知导弹是速度为 $5v_0$,即

$$\sqrt{\left(\frac{dx}{dt}\right)^2 + \left(\frac{dy}{dt}\right)^2} = 5v_0,$$

由于 $\frac{dx}{dt} > 0$,所以 $\frac{dx}{dt}\sqrt{1 + \left(\frac{dy}{dx}\right)^2} = 5v_0$,即

$$\frac{dt}{dx} = \frac{1}{5v_0}\sqrt{1 + \left(\frac{dy}{dx}\right)^2}, \tag{6.2}$$

代入式(6.1),得到运动曲线满足的微分方程为

$$\begin{cases} \dfrac{d^2 y}{dx^2} = \dfrac{\sqrt{1 + \left(\dfrac{dy}{dx}\right)^2}}{5(1 - x)}, 0 < x < 1, \\ y(0) = 0, y'(0) = 0. \end{cases}$$

64

可以求出上述微分方程的解析解,并求得当 $x=1$ 时,$y=0.2083$。导弹运行的轨迹如图 6.1 所示。

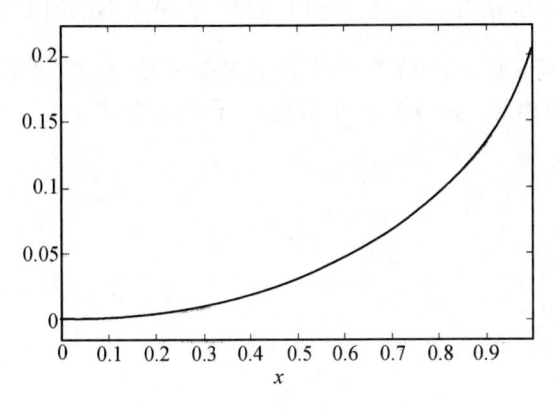

图 6.1　导弹运行的轨迹图

符号求解的 Matlab 程序如下:
```
clc,clear
y = dsolve('D2y = sqrt(1 + (Dy)^2)/5/(1 -x)','y(0) =0,Dy(0) =0','x')
ezplot(y(2),[0,0.9999]) % 符号求解时,得到两个分支,这里画出一个分支
yy = subs(y(2),'x',1) % 求击中时乙舰行驶的距离
title('') % 不显示图形的标题
```

也可以利用 Matlab 求数值解,为了利用 Matlab 软件求数值解,需要做变量替换,把上述二阶非线性常微分方程转化为一阶常微分方程组的初值问题,令 $y_1 = y, y_2 = \dfrac{dy}{dx}$,则得到一阶微分方程组

$$\begin{cases} \dfrac{dy_1}{dx} = y_2, \\ \dfrac{dy_2}{dx} = \dfrac{\sqrt{1+y_2^2}}{5(1-x)}, \\ y_1(0) = 0, y_2(0) = 0. \end{cases}$$

求解的 Matlab 程序如下:
```
clc,clear
dyy = @(x,yy)[yy(2); sqrt(1 +yy(2)^2)/5/(1 -x)]; % 定义微分方程右端项的匿名函数
yy0 = [0,0]'; % 初值条件
[x,yy] = ode45(dyy,[0,1 - eps],yy0) % 为避免奇异点 x =1,右端点取为 1 - eps
plot(x,yy(:,1)) % 画出轨迹曲线
yys = yy(end,1) % 求击中时乙舰行驶的距离
```

数值解的结果和符号解的结果一致。

6.2　在交通十字路口都会设置红绿灯。为了让那些正行驶在交叉路口或离交叉路口太近而无法停下的车辆通过路口,红绿灯转换中间还要亮起一段时间的黄灯。对于一位驶近交叉路口的驾驶员来说,万万不可处于这样的进退两难的境地,要安全停车则离路口太近;要想在红灯亮之前通过路口又觉太远。那么,黄灯应亮多长时间才最为合理呢?

解 设法定行车速度为 v_0,交叉路口的宽度为 a,典型的车身长度为 b。考虑到车通过路口实际上指的是车的尾部必须通过路口,因此,通过路口的时间为 $\dfrac{a+b}{v_0}$。

现在计算刹车距离。设 w 为汽车重量,μ 为摩擦系数,显然,地面对汽车的摩擦力为 μw,其方向与运动方向相反。汽车在停车过程中,行驶的距离 x 与时间 t 的关系可由下面的微分方程求得:

$$\frac{w}{g} \cdot \frac{\mathrm{d}^2 x}{\mathrm{d}t^2} = -\mu w. \tag{6.3}$$

式中:g 是重力加速度。

给出式(6.3)的初始条件:

$$x\big|_{t=0} = 0, \frac{\mathrm{d}x}{\mathrm{d}t}\bigg|_{t=0} = v_0, \tag{6.4}$$

于是,刹车距离就是直到速度 $v=0$ 时汽车驶过的距离。

首先,求解二阶微分方程式(6.3),对式(6.3)从 0 到 t 积分,再利用初始条件(6.4),得

$$\frac{\mathrm{d}x}{\mathrm{d}t} = -\mu g t + v_0, \tag{6.5}$$

在 $\dfrac{\mathrm{d}x}{\mathrm{d}t}\bigg|_{t=0} = v_0$ 的条件下对式(6.5)从 0 到 t 积分,得

$$x = -\frac{1}{2}\mu g t^2 + v_0 t. \tag{6.6}$$

在式(6.5)中令 $\dfrac{\mathrm{d}x}{\mathrm{d}t}=0$,得到刹车所用的时间为

$$t_0 = \frac{v_0}{\mu g},$$

从而得

$$x(t_0) = \frac{v_0^2}{2\mu g}.$$

计算黄灯状态的时间:

$$y = \frac{x(t_0)+a+b}{v_0} + T.$$

式中:T 是驾驶员的反应时间。于是

$$y = \frac{v_0}{2\mu g} + \frac{a+b}{v_0} + T.$$

假设 $T=1\mathrm{s}$,$a=10\mathrm{m}$,$b=4.5\mathrm{m}$,另外,选取具有代表性的 $\mu=0.2$,当 $v_0=30\mathrm{km/h}$、$50\mathrm{km/h}$ 以及 $70\mathrm{km/h}$ 时,黄灯时间如表 6.1 所列。y 与 v_0 的关系如图 6.2 所示。

表6.1 交通信号灯时间对照表

v_0/(km/h)	30	50	70
y/s	4.8659	5.5871	6.7060

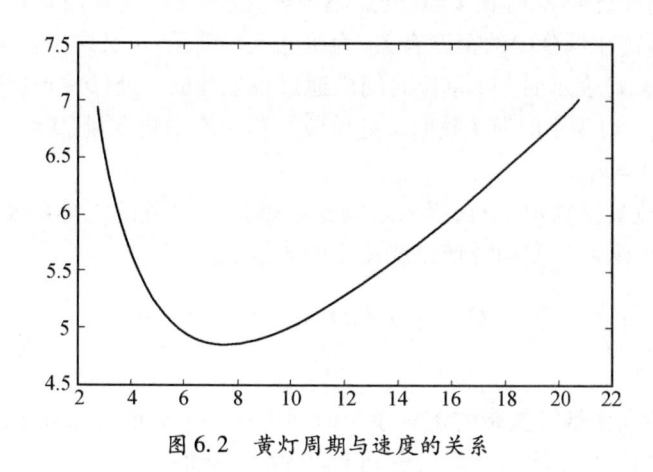

图6.2 黄灯周期与速度的关系

计算和画图的 Matlab 程序如下：

```
clc, clear
T = 1; a = 10; b = 4.5; mu = 0.2; g = 9.8;
v0 = [30 50 70] * 1000 /3600; % 速度单位换算,化成 m/s
y0 = v0 /2 /mu /g + (a + b) ./v0 + T
v = [10:75] * 1000 /3600; % 速度单位换算,化成 m/s
y = v /2 /mu /g + (a + b) ./v + T;
plot(v,y)
```

6.3 我们知道现在的香烟都有过滤嘴,而且有的过滤嘴还很长,据说过滤嘴可以减少毒物进入体内。你认为呢？过滤嘴的作用到底有多大,与使用的材料和过滤嘴的长度有无关系？请你建立一个描述吸烟过程的数学模型,分析人体吸入的毒量与哪些因素有关,以及它们之间的数量表达式。

解 (1) 模型的假设：

① 烟草和过滤嘴的长度分别为 l_1 和 l_2,香烟总长 $l = l_1 + l_2$,毒物 M(mg)均匀分布在烟草中,密度为 $w_0 = M/l_1$；

② 点燃处毒物随烟雾进入空气和沿香烟穿行的数量比例是 $a':a, a' + a = 1$；

③ 未点燃的烟草和过滤嘴对随烟雾穿行的毒物的吸收率(单位时间内毒物被吸收的比例)分别是常数 b 和 β；

④ 烟雾沿香烟穿行的速度是常数 v,香烟燃烧速度是常数 u,且 $v \gg u$。

(2) 模型分析。将一支烟吸完后毒物进入人体的总量(不考虑从空气的烟雾中吸入的)记为 Q,在建立模型以得到 Q 的数量表达式之前,先根据常识分析一下 Q 应与哪些因素有关,采取什么办法可以降低 Q。

首先,提高过滤嘴吸收率 β、增加过滤嘴长度 l_2、减少烟草中毒物的初始含量 M,显然可以降低吸入毒物量 Q。其次,当毒物随烟雾沿香烟穿行的比例 a 和烟雾速度 v 减少时,预料 Q 也会降低。至于在假设条件中涉及的其它因素,如烟草对毒物的吸收率 b、烟草长

度 l_1、香烟燃烧速度 u，对 Q 的影响就不容易估计了。

下面通过建模对这些定性分析和提出的问题作出定量的验证和回答。

(3) 模型建立。以香烟所在的一端作为坐标原点，以香烟所在的线段作为 x 轴的正半轴，建立坐标系。设 $t=0$ 时在 $x=0$ 处点燃香烟，吸入毒物量 Q 由毒物穿过香烟的流量确定，后者又与毒物在烟草中的密度有关，为研究这些关系，定义两个基本函数：

毒物流量 $q(x,t)$ 表示时刻 t 单位时间内通过香烟截面 x 处 ($0 \leq x \leq l$) 的毒物量；

毒物密度 $w(x,t)$ 表示时刻 t 截面 x 处单位烟草中的毒物含量 ($0 \leq x \leq l_1$)。由假设 (1) 可知，$w(x,0) = w_0$。

如果知道了流量函数 $q(x,t)$，吸入毒物量 Q 就是 $x=l$ 处的流量在吸一支烟时间内的总和。注意到关于烟草长度和香烟燃烧速度的假设，得

$$Q = \int_0^T q(l,t)\,\mathrm{d}t, \quad T = l_1/u. \tag{6.7}$$

下面分 4 步计算 Q。

① 求 $t=0$ 瞬间由烟雾携带的毒物单位时间内通过 x 处的数量 $q(x,0)$。由假设 (4) 中关于 $v \gg u$ 的假定，可以认为香烟点燃处 $x=0$ 静止不动。

为简单起见，记 $q(x,0) = q(x)$，考察 $(x, x+\Delta x)$ 一段香烟，毒物通过 x 和 $x+\Delta x$ 处的流量分别是 $q(x)$ 和 $q(x+\Delta x)$，根据守恒定律这两个流量之差应该等于这一段未点燃的烟草或过滤嘴对毒物的吸收量，于是由假设 (2)、(4)，有

$$q(x) - q(x+\Delta x) = \begin{cases} bq(x)\Delta\tau, & 0 \leq x \leq l_1, \\ \beta q(x)\Delta\tau, & l_1 \leq x \leq l, \end{cases} \quad \Delta\tau = \frac{\Delta x}{v}.$$

式中：$\Delta\tau$ 是烟雾穿过 Δx 所需时间。令 $\Delta\tau \to 0$，得到微分方程

$$\frac{\mathrm{d}q}{\mathrm{d}x} = \begin{cases} -\dfrac{b}{v}q(x), & 0 \leq x \leq l_1, \\ -\dfrac{\beta}{v}q(x), & l_1 \leq x \leq l. \end{cases} \tag{6.8}$$

在 $x=0$ 处点燃的烟草单位时间内放出的毒物量记作 H_0，根据假设 (1)、(3)、(4) 可以写出方程式 (6.8) 的初始条件为

$$q(0) = aH_0, \quad H_0 = uw_0. \tag{6.9}$$

求解式 (6.8) 和式 (6.9) 时先解出 $q(x)$ ($0 \leq x \leq l_1$)，再利用 $q(x)$ 在 $x=l_1$ 处的连续性确定 $q(x)$ ($l_1 \leq x \leq l$)。其结果为

$$q(x) = \begin{cases} aH_0 \mathrm{e}^{-\frac{bx}{v}}, & 0 \leq x \leq l_1, \\ aH_0 \mathrm{e}^{-\frac{bl_1}{v}} \mathrm{e}^{-\frac{\beta(x-l_1)}{v}}, & l_1 \leq x \leq l. \end{cases} \tag{6.10}$$

② 在香烟燃烧过程的任意时刻 t，求毒物单位时间内通过 $x=l$ 的数量 $q(l,t)$。

因为在时刻 t 香烟燃至 $x=ut$ 处，记此时点燃的烟草单位时间放出的毒物量为 $H(t)$，则

$$H(t) = uw(ut,t), \tag{6.11}$$

根据与第①步完全相同的分析和计算，得

$$q(x,t) = \begin{cases} aH(t)e^{-\frac{b(x-ut)}{v}}, ut \leq x \leq l_1, \\ aH(t)e^{-\frac{b(l_1-ut)}{v}}e^{-\frac{\beta(x-l_1)}{v}}, l_1 \leq x \leq l. \end{cases} \quad (6.12)$$

实际上在式(6.10)中将坐标原点平移至 $x=ut$ 处即可得到式(6.12)。由式(6.11)和式(6.12)能够直接写出

$$q(l,t) = auw(ut,t)e^{-\frac{b(l_1-ut)}{v}}e^{-\frac{\beta l_2}{v}}. \quad (6.13)$$

③ 确定 $w(ut,t)$。因为在吸烟过程中未点燃的烟草不断地吸收烟雾中的毒物,所以毒物在烟草中的密度 $w(x,t)$ 由初始值 w_0 逐渐增加。考察烟草截面 x 处 Δt 时间内毒物密度的增量 $w(x,t+\Delta t)-w(x,t)$,根据守恒定律它应该等于单位长度烟雾中的毒物被吸收的部分,按照假设(3)、(4),有

$$w(x,t+\Delta t) - w(x,t) = b\frac{q(x,t)}{v}\Delta t,$$

令 $\Delta t \to 0$ 并将式(6.11)和式(6.12)代入,得

$$\begin{cases} \frac{\partial w}{\partial t} = \frac{abu}{v}w(ut,t)e^{-\frac{b(x-ut)}{v}}, \\ w(x,0) = w_0. \end{cases} \quad (6.14)$$

式(6.14)的解为

$$\begin{cases} w(x,t) = w_0\left[1 + \frac{a}{a'}e^{-\frac{bx}{v}}\left(e^{\frac{but}{v}} - e^{\frac{abut}{v}}\right)\right], \\ w(ut,t) = \frac{w_0}{a'}\left(1 - ae^{-\frac{a'but}{v}}\right), \end{cases} \quad (6.15)$$

其中 $a' = 1 - a$。

④ 计算 Q。将式(6.15)代入式(6.13),得

$$q(l,t) = \frac{auw_0}{a'}e^{-\frac{bl_1}{v}}e^{-\frac{\beta l_2}{v}}\left(e^{-\frac{but}{v}} - ae^{-\frac{abut}{v}}\right), \quad (6.16)$$

最后将式(6.16)代入式(6.7)作积分,得

$$Q = \int_0^{l_1/u} q(l,t)\mathrm{d}t = \frac{aw_0 v}{a'b}e^{-\frac{\beta l_2}{v}}\left(1 - e^{-\frac{a'bl_1}{v}}\right). \quad (6.17)$$

为便于下面的分析,将上式化为

$$Q = aMe^{-\frac{\beta l_2}{v}} \cdot \frac{1 - e^{-\frac{a'bl_1}{v}}}{\frac{a'bl_1}{v}}, \quad (6.18)$$

记

$$r = \frac{a'bl_1}{v}, \varphi(r) = \frac{1-e^{-r}}{r}, \quad (6.19)$$

则式(6.18)可写为

69

$$Q = aMe^{-\frac{\beta l_2}{v}}\varphi(r). \tag{6.20}$$

式(6.19)和式(6.20)是得到的最终结果,表示了吸入毒物量 Q 与 a、M、β、v、b、l_1 等诸因素之间的数量关系。

(4) 结果分析。

① Q 与烟草毒物量 M、毒物随烟雾沿香烟穿行比例 a 成正比(因为 $\varphi(r)$ 起的作用较小,这里忽略 $\varphi(r)$ 中的 $a'(=1-a)$)。设想将毒物 M 集中在 $x=l$ 处,则吸入量为 aM。

② 因子 $e^{-\frac{\beta l_2}{v}}$ 体现了过滤嘴减少毒物进入人体的作用,提高过滤嘴吸收率 β 和增加长度 l_2 能够对 Q 起到负指数衰减的效果,并且 β 和 l_2 在数量上增加一定比例时起的作用相同。降低烟雾穿行速度 v 也可减少 Q。设想将毒物 M 集中在 $x=l_1$ 处,利用上述建模方法不难证明,吸入毒物量为 $aMe^{-\frac{\beta l_2}{v}}$。

③ 因子 $\varphi(r)$ 表示的是由于未点燃烟草对毒物的吸收而起到的减少 Q 的作用。虽然被吸收的毒物还要被点燃,随烟雾沿香烟穿行而部分地进入人体,但是因为烟草中毒物密度 $w(x,t)$ 越来越高,所以按照固定比例跑到空气中的毒物增多,相应地减少了进入人体的毒物量。

根据实际资料 $r = \frac{a'bl_1}{v} \ll 1$,式(6.19) $\varphi(r)$ 中的 e^{-r} 取泰勒展开的前3项得 $\varphi(r) \approx 1 - r/2$,于是式(6.20)为

$$Q \approx aMe^{-\frac{\beta l_2}{v}}\left(1 - \frac{a'bl_1}{2v}\right). \tag{6.21}$$

可知,提高烟草吸收率 b 和增加长度 l_1(毒物量 M 不变)对减少 Q 的作用是线性的,与 β 和 l_2 的负指数衰减作用相比,效果要小得多。

④ 为了更清楚地了解过滤嘴的作用,不妨比较两支香烟,一支是上述模型讨论的,另一支长度为 l,不带过滤嘴,参数 w_0、b、a、v 与第一支相同,并且吸到 $x=l_1$ 处就扔掉。

吸第一支和第二支烟进入人体的毒物量分别记为 Q_1 和 Q_2,Q_1 当然可由式(6.17)给出,Q_2 也不必重新计算,只需把第二支烟设想成吸收率为 b(与烟草相同)的假过滤嘴香烟就行了,这样由式(6.17)可以直接写出

$$Q_2 = \frac{aw_0 v}{a'b}e^{-\frac{bl_2}{v}}\left(1 - e^{-\frac{a'bl_1}{v}}\right), \tag{6.22}$$

与式(6.17)给出的 Q_1 相比,得

$$\frac{Q_1}{Q_2} = e^{-\frac{(\beta-b)l_2}{v}}, \tag{6.23}$$

所以只要 $\beta > b$ 就有 $Q_1 < Q_2$,过滤嘴是起作用的。并且,提高吸收率之差 $\beta - b$ 与加长过滤嘴长度 l_2,对于降低比例 Q_1/Q_2 的效果相同。不过提高 β 需要研制新材料,将更困难一些。

6.4 根据经验,当一种新商品投入市场后,随着人们对它的拥有量的增加,其销售量 $s(t)$ 下降的速度与 $s(t)$ 成正比。广告宣传可给销量添加一个增长速度,它与广告费 $a(t)$ 成正比,但广告只能影响这种商品在市场上尚未饱和的部分(设饱和量为 M)。建立一个

销售 $s(t)$ 的模型。若广告宣传只进行有限时间 τ，且广告费为常数 a，问 $s(t)$ 如何变化？

解 设 $\lambda(\lambda>0$ 为常数$)$ 为销售量衰减因子，则根据上述假设建立如下模型：

$$\frac{\mathrm{d}s}{\mathrm{d}t} = pa(t)\left(1 - \frac{s(t)}{M}\right) - \lambda s(t). \tag{6.24}$$

式中：p 为响应系数，即 $a(t)$ 对 $s(t)$ 的影响力；p 为常数。

由式(6.24)可以看出，当 $s = M$ 或 $a(t) = 0$ 时，都有

$$\frac{\mathrm{d}s}{\mathrm{d}t} = -\lambda s. \tag{6.25}$$

假设选择如下广告策略

$$a(t) = \begin{cases} a/\tau, & 0 < t < \tau, \\ 0, & t \geq \tau. \end{cases} \tag{6.26}$$

将其代入式(6.24)，有

$$\frac{\mathrm{d}s}{\mathrm{d}t} + \left(\lambda + \frac{pa}{M\tau}\right)s = \frac{pa}{\tau}, 0 < t < \tau, \tag{6.27}$$

令

$$\lambda + \frac{pa}{M\tau} = b, \frac{pa}{\tau} = c,$$

则式(6.27)可写为

$$\frac{\mathrm{d}s}{\mathrm{d}t} + bs = c, \tag{6.28}$$

若令 $s(0) = s_0$，则式(6.28)的解为

$$s(t) = \frac{c}{b}(1 - \mathrm{e}^{-bt}) + s_0 \mathrm{e}^{-bt}. \tag{6.29}$$

当 $t \geq \tau$ 时，根据式(6.26)，则式(6.24)化为式(6.25)，其解为 $s(t) = s(\tau)\mathrm{e}^{\lambda(\tau-t)}$，故

$$s(t) = \begin{cases} \dfrac{c}{b}(1 - \mathrm{e}^{-bt}) + s_0 \mathrm{e}^{-bt}, & 0 < t \leq \tau, \\ s(\tau)\mathrm{e}^{\lambda(\tau-t)}, & t \geq \tau. \end{cases}$$

6.5 用龙格库塔方法求微分方程数值解，画出解的图形，对结果进行分析比较。

(1) $x^2 y'' + xy' + (x^2 - n^2)y = 0, y\left(\dfrac{\pi}{2}\right) = 2, y'\left(\dfrac{\pi}{2}\right) = -\dfrac{2}{\pi}$，为 Bessel 方程时 $n = \dfrac{1}{2}$，精确解 $y = \sin x \sqrt{\dfrac{2\pi}{x}}$。

(2) $y'' + y\cos x = 0, y(0) = 1, y'(0) = 0$，幂级数解

$$y = 1 - \frac{1}{2!}x^2 + \frac{2}{4!}x^4 - \frac{9}{6!}x^6 + \frac{55}{8!}x^8 - \cdots.$$

解 (1) 求数值解时，需要做变量替换，把二阶方程化成一阶方程组，令 $y_1 = y, y_2 = y'$，得如下一阶方程组：

71

$$\begin{cases} y'_1 = y_2, & y_1\left(\dfrac{\pi}{2}\right) = 2, \\ y'_2 = \left(\dfrac{n^2}{x^2} - 1\right)y_1 - \dfrac{y_2}{x}, & y_2\left(\dfrac{\pi}{2}\right) = -\dfrac{2}{\pi}. \end{cases}$$

求解的 Matlab 程序如下:

```
clc, clear
y = dsolve('x^2*D2y+x*Dy+(x^2-1/4)*y','y(pi/2)=2,Dy(pi/2)=-2/pi','x');
pretty(y) % 分数线居中的显示格式
ezplot(y) % 画符号函数的图形
hold on % 图形保持命令
dy = @(x,y)[y(2);(1/4/x^2-1)*y(1)-y(2)/x]; % 定义微分方程组的右端项
[x,y] = ode45(dy,[pi/2,8],[2,-2/pi]); % 调用求数值解的命令
plot(x,y(:,1),'*') % 画数值解的图形
legend('符号解','数值解') % 对图形进行标注
title('') % 符号函数画图不显示标题
```

求得的符号解和数值解的图形如图 6.3 所示,可见解析解和数值解吻合得很好。

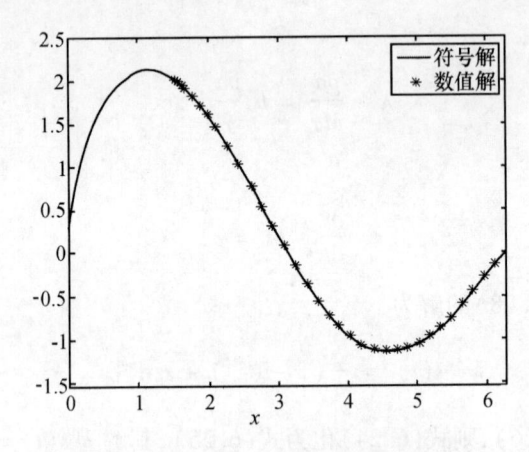

图 6.3 微分方程符号解和数值解的对照

(2) 做变量替换,令 $y_1 = y, y_2 = y'$,得如下一阶方程组:

$$\begin{cases} y'_1 = y_2, & y_1(0) = 1, \\ y'_2 = -y_1\cos x, & y_2(0) = 0. \end{cases}$$

求解的 Matlab 程序如下:

```
clc, clear
yy = @(x)1-1/gamma(3)*x.^2+2/gamma(5)*x.^4-9/gamma(7)*x.^6+55/gamma(9)*x.^8;
x1 = 0:0.1:2;
y1 = yy(x1) % 求级数解前 5 项对应的函数值
plot(x1,y1,'p-'), hold on
dy = @(x,y)[y(2);-y(1)*cos(x)]; % 定义微分方程右端项的匿名函数
[x2,y2] = ode45(dy,[0,2],[1;0]);
```

```
plot(x2,y2(:,1),'*-r')
legend('级数近似解','数值解',0)
```

求解结果如图 6.4 所示,可以看出当 x 较小时,级数解的近似值与数值解吻合得很好。

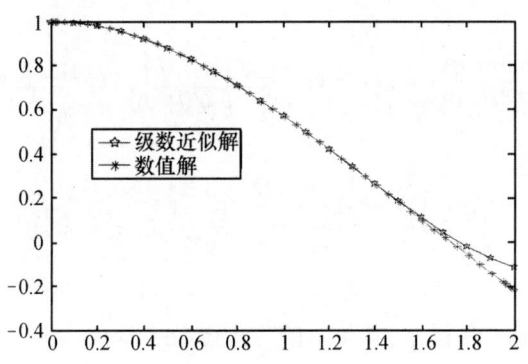

图 6.4　级数近似解与数值解的对照图

6.6　一只小船渡过宽为 d 的河流,目标是起点 A 正对着的另一岸 B 点。已知河水流速 v_1 与船在静水中的速度 v_2 之比为 k。

（1）建立小船航线的方程,求其解析解。

（2）设 $d=100\text{m}, v_1=1\text{m/s}, v_2=2\text{m/s}$,用数值解法求渡河所需时间、任意时刻小船的位置及航行曲线,作图,并与解析解比较。

解　（1）以 B 为坐标原点,BA 所在的线段为 x 轴的正半轴建立如图 6.5 所示的坐标系。

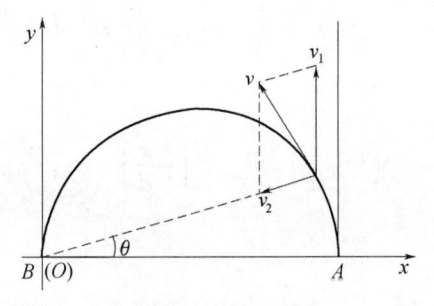

图 6.5　渡河示意图

设小船航迹为 $y=y(x)$,由运动力学知,小船实际速度 $v=v_1+v_2$,设小船与 B 点连线与 x 轴正方向夹角为 θ,则

$$v = -iv_2\cos\theta + j(v_1 - v_2\sin\theta),$$

即

$$\frac{\mathrm{d}x}{\mathrm{d}t} = -v_2\cos\theta, \frac{\mathrm{d}y}{\mathrm{d}t} = v_1 - v_2\sin\theta.$$

设小船 t 时刻位于点 (x,y) 处,显然有

$$\cos\theta = \frac{x}{\sqrt{x^2+y^2}}, \sin\theta = \frac{y}{\sqrt{x^2+y^2}},$$

即
$$\frac{dx}{dt} = -v_2 \frac{x}{\sqrt{x^2+y^2}}, \frac{dy}{dt} = v_1 - v_2 \frac{y}{\sqrt{x^2+y^2}},$$

所以
$$\frac{dy}{dx} = \frac{dy}{dt} \Big/ \frac{dx}{dt} = \left(v_1 - v_2 \frac{y}{\sqrt{x^2+y^2}}\right) \Big/ \left(-v_2 \frac{x}{\sqrt{x^2+y^2}}\right),$$

于是初值问题
$$\begin{cases} \dfrac{dy}{dx} = -k\dfrac{\sqrt{x^2+y^2}}{x} + \dfrac{y}{x}, & 0 < x < d \\ y(d) = 0, \end{cases} \tag{6.30}$$

即为小船航迹应满足的数学模型,它是一阶齐次微分方程。

下面进行模型求解,令 $\dfrac{y}{x} = u$,则 $y = ux$,$\dfrac{dy}{dx} = x\dfrac{du}{dx} + u$,把它们代入式(6.30),整理,得

$$x\frac{du}{dx} = -k\sqrt{1+u^2}. \tag{6.31}$$

对式(6.31)分离变量并积分,得
$$\text{arsh}\,u = \ln(u + \sqrt{1+u^2}) = -k(\ln x + \ln C),$$

代入初始条件 $x=d, u=0$,得 $C = \dfrac{1}{d}$,所以
$$\ln(u + \sqrt{1+u^2}) = -k\ln\frac{x}{d} = \ln\left(\frac{x}{d}\right)^{-k},$$

从而
$$u = \text{sh}\left(\ln\left(\frac{x}{d}\right)^{-k}\right) = \frac{1}{2}\left[\left(\frac{x}{d}\right)^{-k} - \left(\frac{x}{d}\right)^{k}\right],$$

代回 $u = \dfrac{y}{x}$,得

$$y = \frac{x}{2}\left[\left(\frac{x}{d}\right)^{-k} - \left(\frac{x}{d}\right)^{k}\right] = \frac{d}{2}\left[\left(\frac{x}{d}\right)^{1-k} - \left(\frac{x}{d}\right)^{1+k}\right], 0 \le x \le d. \tag{6.32}$$

(2) 小船航线的参数方程为
$$\begin{cases} \dfrac{dx}{dt} = -\dfrac{2x}{\sqrt{x^2+y^2}}, & x(0) = d, \\ \dfrac{dy}{dt} = 1 - \dfrac{2y}{\sqrt{x^2+y^2}}, & y(0) = 0. \end{cases}$$

求数值解和画图的 Matlab 程序如下:
```
clc, clear
d=100; v1=1; v2=2; k=v1/v2;
y=@(x)d/2*((x/d).^(1-k)-(x/d).^(1+k)); % 定义解析解的匿名函数
```

```
ezplot(y,[100,0]) % 画解析解的曲线
dxy=@(t,xy)[-2*xy(1)/sqrt(xy(1)^2+xy(2)^2);1-2*xy(2)/sqrt(xy(1)^2+xy(2)^2)]; % 定义微分方程的右端项
[t,xy]=ode45(dxy,[0,66.65],[100;0]); % 求数值解,求解的时间区间要逐步试验给出
solu=[t,xy] % 显示数值解
hold on % 图形保持
plot(xy(:,1),xy(:,2),'*r') % 画数值解
legend('解析解','数值解')
xlabel(''),title('') % 不显示x轴标号,不显示标题
```

通过数值解求出小船渡河的时间为66.65s,解析解和数值解的对照图如图6.6所示。

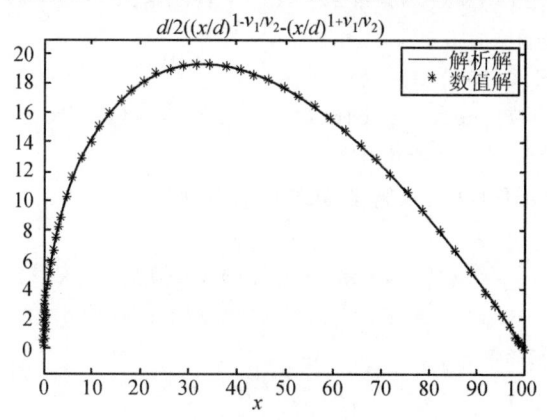

图6.6 解析解和数值解的对照图

补 充 习 题

6.7 隐式微分方程求解。隐式微分方程就是不能转换成显式常微分方程组的微分方程,在Matlab中提供专门的函数ode15i直接求解隐式微分方程。若隐式微分方程的形式为

$$F(t,x(t),\dot{x}(t))=0,$$

给定初始条件$x(t_0)=x_0,\dot{x}(t_0)=\dot{x}_0$,则可以编写函数描述该隐式微分方程,然后调用命令

$$sol=ode15i(fun,[t0,tn],x0,xp0,options)$$

就可以求解该隐式微分方程。其中,fun为Matlab函数描述隐式微分方程,[t0,tn]为微分方程的求解区间;x0为$x(t)$的初始值,xp0为$\dot{x}(t)$的初始值。

但是隐式微分方程不同于一般的显式微分方程,求解之前,除了给定$x(t)$的初始值,还需要$\dot{x}(t)$的初始值,$\dot{x}(t)$的初始值不能任意赋值,必须满足微分方程的相容性条件,否则将可能出现矛盾的初始值。通常使用函数decic求出这些未完全定义的初值条件,函数decic的使用格式为

$$[x0mod,xp0mod]=decic(fun,t0,x0,fixed\_x0,xp0,fixed\_xp0)$$

其中 x0 是给定的 $x(t)$ 的初始值，xp0 是任意给定的 $\dot{x}(t)$ 的初始值，fixed_x0 和 fixed_xp0 是与 xp0 同维数的列向量，其分量为 1 表示需要保留的初值，为 0 表示需要求解的初始值。若 fixed_x0 和 fixed_xp0 等于空矩阵[ ]，表示允许所有的初值分量可以发生变化。

分别用显式和隐式解法求下列微分方程的数值解

$$\begin{cases} \dot{x}_1 = -4x_1 + x_1 x_2, & x_1(0) = 2, \\ \dot{x}_2 = x_1 x_2 - x_2^2, & x_2(0) = 1. \end{cases}$$

解 （1）作为显式微分方程求解的 Matlab 程序如下：
```
clc, clear
dx = @(t,x)[-4*x(1)+x(1)*x(2);x(1)*x(2)-x(2)^2]; % 定义微分方程组右端项
x0 = [2;1]; % 初始值
[t,x] = ode23(dx,[0,10],x0);
plot(t,x(:,1),'-P');hold on, plot(t,x(:,2),'-*')
legend('x1 的数值解','x2 的数值解')
```

（2）作为隐式微分方程时，求解的 Matlab 程序如下：
```
clc, clear
dxfun = @(t,x,dx)[-dx(1)-4*x(1)+x(1)*x(2); -dx(2)+x(1)*x(2)-x(2)^2];
x0 = [2;1]; % x0 初始值
xp0 = [-6;1];
[t,x] = ode15i(dxfun,[0,10],x0,xp0);
plot(t,x(:,1),'-P');hold on, plot(t,x(:,2),'-*')
legend('x1 的数值解','x2 的数值解')
```

6.8 求解隐式微分方程组

$$\begin{cases} \ddot{x}\sin\dot{y} + \dot{y} + xy = 0, \\ x\dot{y} + x\cos\dot{y} - \dot{x}y = 0, \end{cases}$$

的数值解，其中初值条件为 $x(0)=0, \dot{x}(0)=1, y(0)=0$。

解 首先做变量变换把上述高阶微分方程组化成一阶微分方程组，令 $x_1 = x, x_2 = \dot{x}$, $x_3 = y$，则原方程组可以化成

$$\begin{cases} \dot{x}_1 - x_2 = 0, & x_1(0) = 0, \\ \dot{x}_2 \sin\dot{x}_3 + \dot{x}_3 + x_1 x_3 = 0, & x_2(0) = 1, \\ x_1 \dot{x}_3 + x_1 \cos\dot{x}_3 - x_2 x_3 = 0, & x_3(0) = 0. \end{cases}$$

求解的 Matlab 程序应该如下：
```
clc, clear
dxfun2 = @(t,x,dx)[dx(1)-x(2);dx(2)*sin(dx(3))+dx(3)+x(1)*x(3)
    x(1)*dx(3)+x(1)*cos(dx(3))-x(2)*x(3)];
x0 = [0;1;0]; % 初始值
xp0 = [1;0;0]; % 导数的初始值,第 2,3 分量是任意取的
[x0mod,xp0mod] = decic(dxfun2,0,x0,[1;1;1],xp0,[1;0;0])
[t,x] = ode15i(dxfun2,[0,10],x0mod,xp0mod);
```

```
plot(t,x(:,1),'-P'), hold on, plot(t,x(:,2),'-*'), plot(t,x(:,3),'-.')
legend('x 的数值解','x 导数的数值解','y 的数值解')
```

但 Matlab 的 decic 函数有 bug,无法解出一阶导数的初始值,解方程

$$\dot{x}_2(0)\sin\dot{x}_3(0) + \dot{x}_3(0) = 0,$$

求一阶导数的初始值,求解的 Matlab 程序如下:

```
clc, clear
dxfun2 = @(t,x,dx)[dx(1)-x(2);dx(2)*sin(dx(3))+dx(3)+x(1)*x(3)
    x(1)*dx(3)+x(1)*cos(dx(3))-x(2)*x(3)];
x0 = [0;1;0]; % 初始值
yy = @(y) y(1)*sin(y(2))+y(2);
y = fsolve(yy,rand(2,1))
xp0 = [1;y]; % 构造一阶导数的初值条件
[t,x] = ode15i(dxfun2,[0,10],x0,xp0);
plot(t,x(:,1),'-P'), hold on, plot(t,x(:,2),'-*'), plot(t,x(:,3),'-.')
legend('x 的数值解','x 导数的数值解','y 的数值解',0)
```

6.9 微分代数方程的求解。微分代数方程是指在微分方程中,某些变量间满足一些代数方程的约束,其一般形式为

$$M(t,x)\dot{x} = f(t,x).$$

式中:$M(t,x)$ 矩阵通常是奇异矩阵。在 Matlab 语言提供了 ode15s 来求解。

求解如下微分代数方程组:

$$\begin{cases} \dot{x}_1 = -x_1 - x_1x_2 + x_2x_3, \\ \dot{x}_2 = 2x_1x_2 - x_2x_3 - x_2^2, \\ x_1 + 2x_2 + x_3 - 1 = 0, \end{cases}$$

其中初始值为 $x_1(0) = 1, x_2(0) = 0.5, x_3(0) = -1$。

解 显然,最后一个方程为代数方程,可以看作为 3 个变量之间的约束关系。将该方程组写成矩阵的形式

$$\begin{bmatrix} 1 & 0 & 0 \\ 0 & 1 & 0 \\ 0 & 0 & 0 \end{bmatrix} \begin{bmatrix} \dot{x}_1 \\ \dot{x}_2 \\ \dot{x}_3 \end{bmatrix} = \begin{bmatrix} -x_1 - x_1x_2 + x_2x_3 \\ 2x_1x_2 - x_2x_3 - x_2^2 \\ x_1 + 2x_2 + x_3 - 1 \end{bmatrix}.$$

这样,就可以利用 Matlab 求解了,求解的程序如下:

```
clc, clear
dxfun3 = @(t,x)[-x(1)-x(1)*x(2)+x(2)*x(3)
    2*x(1)*x(2)-x(2)*x(3)-x(2)^2
    x(1)+2*x(2)+x(3)-1]; % 定义标准型右端项的匿名函数
M = [1,0,0;0,1,0;0,0,0];
x0 = [1,0.5,-1];
op = odeset('Mass',M); % 定义 options 参数的取值
[t,x] = ode15s(dxfun3,[0,30],x0,op);
plot(t,x(:,1),'.-',t,x(:,2),'<-',t,x(:,3),'P-')
```

77

```
legend('x_1','x_2','x_3',0)
```
微分代数方程的数值解如图 6.7 所示。

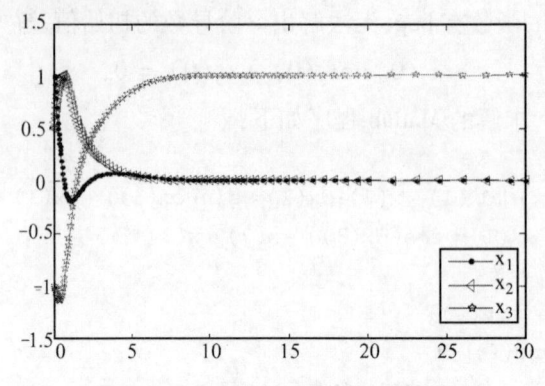

图 6.7 微分代数方程的数值解图

6.10 时滞微分方程的求解。许多动力系统随时间的演化不仅依赖于系统当前的状态,而且依赖于系统过去某一时刻或若干个时刻的状态,这样的系统被称为时滞动力系统。时滞非线性动力系统有着比用常微分方程所描述的动力系统更加丰富的动力学行为,例如,一阶的自治时滞非线性系统就可能出现混沌运动。时滞微分方程的一般形式为

$$\dot{y}(t) = f(t, y(t-\tau_1), y(t-\tau_2), \cdots, y(t-\tau_n)).$$

式中:$\tau_i \geq 0$ 为时滞常数。

在 Matlab 中提供了命令 dde23 来直接求解时滞微分方程。其调用格式为

```
sol = dde23(ddefun,lags,history,tspan,options),
```

其中,ddfun 为描述时滞微分方程的函数;lags 为时滞常数向量;history 为描述 $t \leq t_0$ 时的状态变量值的函数;tspan 为求解的时间区间;options 为求解器的参数设置。该函数的返回值 sol 是结构体数据,其中 sol.x 成员变量为时间向量 t,sol.y 成员变量为各个时刻的状态向量构成的矩阵,其每一个行对应着一个状态变量的取值。

求解如下时滞微分方程组:

$$\begin{cases} \dot{x}_1(t) = -x_1(t)x_2(t-1) + x_2(t-10), \\ \dot{x}_2(t) = x_1(t)x_2(t-1) - x_2(t), \\ \dot{x}_3(t) = x_2(t) - x_2(t-10). \end{cases}$$

已知,在 $t \leq 0$ 时,$x_1(t)=5, x_2(t)=0, x_3(t)=1$,试求该方程组在 $[0,40]$ 上的数值解。

解 本方程可以定义两个时滞常数 $\tau_1=1, \tau_2=10$。求解的 Matlab 程序如下:
```
clc, clear
dx = @(t,y,z)[ -y(1)*z(2,1) + z(2,2)
    y(1)*z(2,1) - y(2)
    y(2) - z(2,2)];
his = @(t)[5; 0.1; 1];
sol = dde23(dx,[1,10],his,[0,40])
plot(sol.x,sol.y(1,:),'-o',sol.x,sol.y(2,:),'-^',sol.x,sol.y(3,:),'-P')
legend('x_1','x_2','x_3'), xlabel('t'), ylabel('x')
```
时滞微分方程的时间状态图如图 6.8 所示。

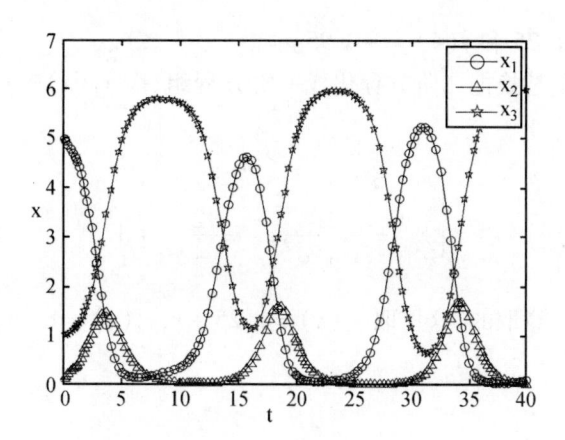

图 6.8　时滞微分方程的时间状态图

6.11　求解如下具有混沌状态的时滞微分方程

$$\dot{x}(t) = \frac{2x(t-2)}{1+x(t-2)^{9.65}} - x(t).$$

已知在 $t \leqslant 0$ 时，$x(t)=0.5$，试求该方程在 $[0,200]$ 的相位图。

解　本方程只有一个时滞常数 $\tau=2$，求解及画图的 Matlab 程序如下：

```
clc, clear
dx = @(t,y,z) 2*z/(1+z^9.65)-y;
sol = dde23(dx,2,0.5,[0,200]);
t = linspace(2,100,1000); % 在区间[2,100]上取 1000 个点
x = deval(sol,t); % 计算对应于 t 的状态变量 x 的取值
xlag = deval(sol,t-2);
plot(x,xlag) % 画出相位图,显示混沌现象
xlabel('x(t)'), ylabel('x(t-2)')
```

时滞微分方程的相位图如图 6.9 所示。

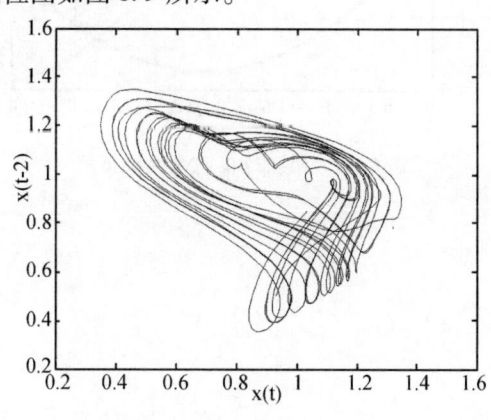

图 6.9　时滞微分方程的相位图

6.12　常微分方程两点边值的求解。求解区间 $[0,4]$ 上的边值问题

$$y''(x) = \frac{2x}{1+x^2}y'(x) - \frac{2}{1+x^2}y(x) + 1,$$

边界条件为 $y(0)=1.25$ 和 $y(4)=-0.95$。

解 首先做变量替换把二阶方程化成一阶方程组，令 $y_1(x)=y(x), y_2(x)=y'(x)$，得到一阶方程组

$$\begin{cases} y_1' = y_2, \\ y_2' = \dfrac{2x}{1+x^2}y_2 - \dfrac{2}{1+x^2} + 1. \end{cases}$$

初始猜测解是任意取的，这里取 $y_1(x)=1.25+x, y_2(x)=1.25x+\dfrac{x^2}{2}$，计算数值解的 Matlab 程序如下：

```
clc, clear
yp = @(x,y)[y(2);2*x/(1+x^2)*y(2)-2/(1+x^2)+1]; % 定义方程组的匿名函数
bc = @(ya,yb)[ya(1)-1.25;yb(1)+0.95]; % 定义边界条件的匿名函数
guess = @(x)[1.25+x;1.25*x+x^2/2]; % 给出初值猜测解
solinit = bvpinit(linspace(0,4,50),guess);
sol = bvp4c(yp,bc,solinit);
plot(sol.x,sol.y(1,:),'o-',sol.x,sol.y(2,:),'*-')
xlabel('x'),ylabel('y')
legend('y_1','y_2')
```

两点边值问题的数值解如图 6.10 所示。

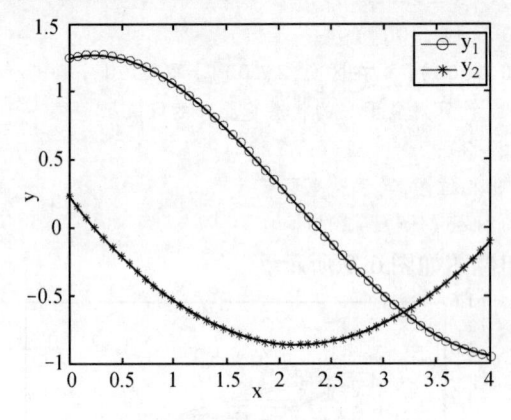

图 6.10 两点边值问题的数值解

80

第7章 目标规划习题解答

7.1 试求解多目标线性规划问题
$$\max \begin{cases} z_1 = 3x_1 + x_2, \\ z_2 = x_1 + 2x_2, \end{cases}$$
$$\text{s. t.} \begin{cases} x_1 + x_2 \leq 7, \\ x_1 \leq 5, \\ x_2 \leq 5, \\ x_1, x_2 \geq 0. \end{cases}$$

解 使用 Matlab 求解的程序如下：
```
clc, clear
a = [1 1]; b = 7;
c1 = [3 1]'; c2 = [1 2]';
lb = zeros(2,1); ub = [5 5]'; % 定义线性规划的下界向量和上界向量
[x1,y1] = linprog( -c1,a,b,[],[],lb,ub) % 求解第一个线性规划
[x2,y2] = linprog( -c2,a,b,[],[],lb,ub) % 求解第二个线性规划
go = -[y1,y2]'; % Matlab 工具箱线性规划是求解极小值
goalfun = @(x)[ -3*x(1) -x(2); -x(1) -2*x(2)];
[x,fval] = fgoalattain(goalfun,rand(2,1),go,abs(go),a,b,[],[],lb,ub);
x, fval = -fval % 恢复到原来的目标函数
```

求得的满意解为 $x_1 = 3.7561, x_2 = 3.2439$,对应的目标函数的值 $z_1 = 14.5122$.

7.2 一个小型的无线电广播台考虑如何最好地安排音乐、新闻和商业节目的时间。依据法律，该台每天允许广播 12 小时,其中商业节目用以赢利,每分钟可收入 250 美元,新闻节目每分钟需支出 40 美元,音乐节目每播 1 分钟费用为 17.50 美元。法律规定,正常情况下商业节目只能占广播时间的 20%,每小时至少安排 5 分钟新闻节目。问每天的广播节目该如何安排？优先级如下：

p_1:满足法律规定的要求；
p_2:每天的纯收入最大。
试建立该问题的目标规划模型。

解 设安排商业节目时间 x_1 分钟,新闻节目时间 x_2 分钟,音乐节目时间 x_3 分钟,该问题的目标规划模型为

$$\min z = p_1(d_1^- + d_1^+ + d_2^- + d_2^+ + d_3^-) + p_2 d_4^-,$$

$$\begin{cases} x_1 + x_2 + x_3 + d_1^- - d_1^+ = 12, \\ x_1 + d_2^- - d_2^+ = 2.4, \\ x_2 + d_3^- - d_3^+ = 1, \\ 250x_1 - 40x_2 - 17.5x_3 + d_4^- - d_4^+ = 36000, \\ x_1, x_2, x_3, d_1^-, d_1^+, d_2^-, d_2^+, d_3^-, d_3^+, d_4^-, d_4^+ \geq 0. \end{cases}$$

其中 36000 为每天收入的上限 $250 \times 60 \times 2.4 = 36000$ 美元。

求解的 Lingo 程序如下:
```
model:
sets:
level/1..2/:p,z,goal;
variable/1..3/:x;
s_con_num/1..4/:g,dplus,dminus;
s_con(s_con_num,variable):c;
obj(level,s_con_num)/1 1,1 2,1 3,2 4/:wplus,wminus;
endsets
data:
ctr = ?;
goal = ? 0;
g = 12 2.4 1 36000;
c = 1 1 1 1 0 0 0 1 0 250 -40 -17.5;
wplus = 1 1 0 0;
wminus = 1 1 1 1;
enddata
min = @sum(level:p*z);
p(ctr) = 1;
@for(level(i) |i#ne#ctr:p(i) = 0);
@for(level(i):z(i) = @sum(obj(i,j):wplus(i,j)*dplus(j) + wminus(i,j)*dmi-
nus(j)));
@for(s_con_num(i):@sum(variable(j):c(i,j)*x(j)) + dminus(i) - dplus(i) = g
(i));
@for(level(i) |i #lt# @size(level):@bnd(0,z(i),goal(i)));
end
```

求得 $x_1 = 2.4, x_2 = 1, x_3 = 8.6, d_4^- = 35590.5, d_4^+ = 0$，每天的纯收入为 $36000 - d_4^- = 409.5$ 美元。

7.3 某工厂生产两种产品，每件产品 I 可获利 10 元，每件产品 II 可获利 8 元。每生产一件产品 I，需要 3h；每生产一件产品 II，需要 2.5h。每周总的有效时间为 120h。若加班生产，则每件产品 I 的利润降低 1.5 元；每件产品 II 的利润降低 1 元，加班时间限定每周不超过 40h。决策者希望在允许的工作及加班时间内取得最大利润，试建立该问题的目标规划模型并求解。

解 设在允许的工作时间内产品 I 生产 x_1 件，产品 II 生产 x_2 件；在加班时间内产品 I 生产 x_3 件，产品 II 生产 x_4 件。

建立如下目标规划模型：
$$\min \ p_1(d_1^- + d_2^-) + p_2 d_3^-,$$
$$\text{s.t.} \begin{cases} 3x_1 + 2.5x_2 + d_1^- = 120, \\ 3x_1 + 2.5x_2 + 3x_3 + 2.5x_4 + d_2^- = 160, \\ 10x_1 + 8x_2 + 8.5x_3 + 7x_4 + d_3^- = 640, \\ d_i^- \geq 0, i = 1,2,3; x_i \geq 0 \text{ 且为整数}, i = 1,2,3,4. \end{cases}$$

其中第3个约束右边的640为利润的上界,由于无论生产产品Ⅰ或Ⅱ,每小时的赢利不超过4元,每周的生产时间不超过160h,因而最大利润不超过640元。

计算的 Lingo 程序如下:
```
model:
sets:
level/1..2/:p,z,goal;
variable/1..4/:x;
s_con_num/1..3/:g,dminus;
s_con(s_con_num,variable):c;
obj(level,s_con_num)/1 1,1 2,2 3/:wminus;
endsets
data:
ctr = ?;
goal = ? 0;
g = 120 160 640;
c = 3 2.5 0 0 3 2.5 3 2.5 10 8 8.5 7;
wminus = 1 1 1;
enddata
min = @sum(level:p*z);
p(ctr) = 1;
@for(level(i) |i#ne#ctr:p(i) = 0);
@for(level(i):z(i) = @sum(obj(i,j):wminus(i,j)*dminus(j)));
@for(s_con_num(i):@sum(variable(j):c(i,j)*x(j)) + dminus(i) = g(i));
@for(level(i) |i #lt# @size(level):@bnd(0,z(i),goal(i)));
@for(variable:@gin(x));
end
```

求得 $x_1 = 40, x_2 = 0, x_3 = 10, x_4 = 4, d_1^- = 0, d_2^- = 0, d_3^- = 127$,即产品Ⅰ生产50件,产品Ⅱ生产4件时,总的利润最大,最大利润为 $640 - d_3^- = 413$ 元。

补 充 习 题

7.4 最近,某节能灯具厂接到了订购16000套A型和B型节能灯具的订货合同,合同中没有对这两种灯具各自的数量做要求,但合同要求工厂在一周内完成生产任务并交货。根据该厂的生产能力,一周内可以利用的生产时间为20000min,可利用的包装时间为36000min。生产完成和包装完成一套A型节能灯具各需要2min;生产完成和包装完成一套B型节能灯具分别需要1min和3min。每套A型节能灯具成本为7元,销售价为15元,即利润为8元;每套B型节能成本为14元,销售价为20元,即利润为6元。厂长首先要求必须要按合同完成订货任务,并且既不要有不足量,也不要有超过量。其次要求满意的销售额尽量达到或接近275000元。最后要求在生产总时间和包装总时间上可以有所增加,但超过量尽量地小。同时注意到增加生产时间要比增加包装时间困难得多。试为该节能灯具厂制定生产计划。

解 根据问题的实际情况,首先分析确定问题的目标及优先级。

第一优先级目标:恰好生产和包装完成节能灯具 16000 套,赋予优先因子 p_1;

第二优先级目标:完成或尽量接近销售额为 275000 元,赋予优先因子 p_2;

第三优先级目标:生产时间和包装时间的增加量尽量地小,赋予优先因子 p_3。

然后建立相应的目标约束,在此,假设决策变量 x_1,x_2 分别表示 A 型,B 型节能灯具的数量。

(1) 关于生产数量的目标约束。用 d_1^- 和 d_1^+ 分别表示未达到和超额完成订货指标 16000 套的偏差量,因此目标约束为

$$\min z_1 = d_1^- + d_1^+,$$
$$\text{s.t.} \quad x_1 + x_2 + d_1^- - d_1^+ = 16000.$$

(2) 关于销售额的目标约束。用 d_2^- 和 d_2^+ 分别表示未完成和超额完成满意销售指标值 275000 元的偏差量。因此目标约束为

$$\min z_2 = d_2^-,$$
$$\text{s.t.} \quad 15x_1 + 20x_2 + d_2^- - d_2^+ = 275000.$$

(3) 关于生产和包装时间的目标约束。用 d_3^- 和 d_3^+ 分别表示减少和增加生产时间的偏差量,用 d_4^- 和 d_4^+ 分别表示减少和增加包装时间的偏差量。由于增加生产时间要比增加包装时间困难得多,可取二者的加权系数为 0.4 和 0.6。因此目标约束为

$$\min z_3 = 0.4d_3^+ + 0.6d_4^+,$$
$$\text{s.t.} \begin{cases} 2x_1 + x_2 + d_3^- - d_3^+ = 20000, \\ 2x_1 + 3x_2 + d_4^- - d_4^+ = 36000. \end{cases}$$

综上所述,可以得到这个问题的目标规划模型为

$$\min z = p_1(d_1^- + d_1^+) + p_2 d_2^- + p_3(0.4d_3^+ + 0.6d_4^+),$$
$$\text{s.t.} \begin{cases} x_1 + x_2 + d_1^- - d_1^+ = 16000, \\ 15x_1 + 20x_2 + d_2^- - d_2^+ = 275000, \\ 2x_1 + x_2 + d_3^- - d_3^+ = 20000, \\ 2x_1 + 3x_2 + d_4^- - d_4^+ = 36000, \\ x_1, x_2, d_i^-, d_i^+ \geq 0, i = 1, 2, 3, 4. \end{cases}$$

求解上述目标规划模型的 Lingo 程序如下:

```
model:
sets:
level/1..3/:z,goal;
variable/1..2/:r,x;
s_con_num/1..4/:g,dplus,dminus;
s_con(s_con_num,variable):c;
obj(level,s_con_num)/1 1,2 2,3 3,3 4/:wplus,wminus;
```

```
endsets
data:
r = 8 6;
g = 16000 275000 20000 36000;
c = 1 1 15 20 2 1 2 3;
wplus = 1 0 0.4 0.6;
wminus = 1 1 0 0;
enddata
submodel subgoal:
min = myobj;
myobj = z(flag);
@for(level(i):z(i) = @sum(obj(i,j):wplus(i,j)*dplus(j) + wminus(i,j)*dminus(j)));
@for(s_con_num(i):@sum(variable(j):c(i,j)*x(j)) + dminus(i) - dplus(i) = g(i));
@for(level(i) |i #lt#flag:@bnd(0,z(i),goal(i)));
rr = @sum(variable:r*x);
endsubmodel
calc:
@for(level(k): flag = k; @solve(subgoal); goal(k) = myobj);
endcalc
end
```

求得的最优解(满意解)是节能灯具厂生产 A 型灯具 9000 套, B 型灯具 7000 套, 生产时间需增加 5000min, 而包装时间需增加 3000min, 该工厂就可完成 16000 套节能灯具的任务, 工厂可以预期的销售总额为 275000 元, 可以获得利润 114000 元。

注:这里使用了 Lingo 的子函数功能, 一次运行就把目标规划序贯解法的所有解全部求出来。

7.5 用 Lingo 的子函数功能重新求解例 7.9。

解 按照 C^2R 模型计算的 Lingo 程序如下:

```
model:
sets:
dmu/1..6/:s,t;      ! 决策单元(或评价对象),s,t 为中间变量;
inw/1..2/:omega;    ! 输入权重;
outw/1..2/:mu;      ! 输出权重;
inv(inw,dmu):x;     ! 输入变量;
outv(outw,dmu):y;
endsets
data:
x = 89.39    86.25      108.13     106.38     62.40      47.19
    64.3     99         99.6       96         96.2       79.9;
y = 25.2     28.2       29.4       26.4       27.2       25.2
    223      287        317        291        295        222;
```

```
enddata
submodel subopt:
max = myobj;
myobj = t(flag);
@for(dmu(j):s(j) = @sum(inw(i):omega(i)*x(i,j));
t(j) = @sum(outw(i):mu(i)*y(i,j));s(j)>t(j));
s(flag) =1;
endsubmodel
calc:
@for(dmu(k): flag = k;
@solve(subopt));
endcalc
end
```

注:以上 Lingo 程序使用 Lingo10 无法通过,使用 Lingo12 可以运行。

第8章 时间序列习题解答

8.1 我国1974年—1981年布的产量如表8.1所列。

表8.1 1974年—1981年布的产量

年份	1974	1975	1976	1977	1978	1979	1980	1981
产量/亿米	80.8	94.0	88.4	101.5	110.3	121.5	134.7	142.7

(1) 试用趋势移动平均法(取 $N=3$)，建立布的年产量预测模型。

(2) 分别取 $\alpha=0.3, \alpha=0.6, S_0^{(1)}=S_0^{(2)}=\dfrac{y_1+y_2+y_3}{3}=87.7$，建立不同的直线指数平滑预测模型。

(3) 计算模型拟合误差，比较3个模型的优劣。

(4) 用最优的模型预测1982年和1985年布的产量。

解 用 $t=1,\cdots,8,9,\cdots,12$ 分别表示1974年，$\cdots$,1981,1982,$\cdots$,1985年，y_t ($t=1,\cdots,8$)表示已知的8个观测值。

(1) 取预测公式

$$\hat{y}_{t+1} = \frac{y_t + y_{t-1} + y_{t-2}}{3}, t=3,\cdots,8,9,\cdots,11,$$

其中 y_t ($t=9,10,11$)分别取为递推预测的预测值 $\hat{y}_t$。

预测的标准误差

$$S_1 = \sqrt{\frac{\sum_{t=3}^{8}(\hat{y}_t - y_t)^2}{8-3}} = 19.3542.$$

计算的 Matlab 程序如下：

```
clc,clear
yt=[80.8  94.0  88.4  101.5  110.3  121.5  134.7  142.7];
m=length(yt);n=3;
for i=n+1:m+1
    ythat(i)=sum(yt(i-n:i-1))/n; %已知数据的预测值及未来一步预测值
end
ythat
for i=m+1:m+3
    yt(i)=ythat(i);
    ythat(i+1)=sum(yt(i-n+1:i))/n; %求未来多步预测值
end
```

```
yhat = ythat(end - 3:end)    % 显示未来 4 个时刻的预测值
s1 = sqrt(mean((yt(n+1:m) - ythat(n+1:m)).^2))    % 计算预测的标准误差
```

（2）二次指数平滑法的计算公式为

$$\begin{cases} S_t^{(1)} = \alpha y_t + (1-\alpha) S_{t-1}^{(1)}, \\ S_t^{(2)} = \alpha S_t^{(1)} + (1-\alpha) S_{t-1}^{(2)}. \end{cases} \tag{8.1}$$

式中：$S_t^{(1)}$ 为一次指数的平滑值；$S_t^{(2)}$ 为二次指数的平滑值。当时间序列 $\{y_t\}$ 从某时期开始具有直线趋势时，可用直线趋势模型

$$\hat{y}_{t+m} = a_t + b_t m, \quad m = 1, 2, \cdots, \tag{8.2}$$

$$\begin{cases} a_t = 2 S_t^{(1)} - S_t^{(2)}, \\ b_t = \dfrac{\alpha}{1-\alpha} (S_t^{(1)} - S_t^{(2)}). \end{cases} \tag{8.3}$$

进行预测。

$\alpha = 0.3$ 时，预测的标准误差

$$S_2 = \sqrt{\frac{\sum_{t=2}^{8} (\hat{y}_t - y_t)^2}{8-1}} = 11.7966.$$

当 $\alpha = 0.6$，预测的标准差 $S_3 = 7.0136$。

计算的 Matlab 程序如下：

```
function xiti81
clc, clear
[sigma1,yhat21] = yucefun(0.3)    % 求 alpha = 0.3 时的预测标准差及预测值
[sigma2,yhat22] = yucefun(0.6)    % 求 alpha = 0.6 时的预测标准差及预测值
function [sigma,yhat2] = yucefun(alpha);
yt = [80.8  94.0  88.4  101.5  110.3  121.5  134.7  142.7];
n = length(yt); st1(1) = mean(yt(1:3)); st2(1) = st1(1);
for i = 2:n
    st1(i) = alpha * yt(i) + (1 - alpha) * st1(i-1);
    st2(i) = alpha * st1(i) + (1 - alpha) * st2(i-1);
end
at = 2 * st1 - st2;
bt = alpha/(1 - alpha) * (st1 - st2);
yhat = at + bt;
sigma = sqrt(mean((yt(2:end) - yhat(1:end-1)).^2));
m = 1:4;
yhat2 = at(end) + bt(end) * m;    % 求 1982 年到 1985 年的预测值
```

（3）从标准差的角度考虑，选择 $\alpha = 0.6$ 时的二次指数平滑模型。

（4）利用 $\alpha = 0.6$ 时的二次指数平滑模型，得到 1982 年和 1985 年的产量预测值分别为 152.9452 亿米，182.8625 亿米。

8.2 1960 年—1982 年全国社会商品零售额如表 8.2 所列（单位：亿元）。

表8.2 全国社会商品零售额数据

年份	1960	1961	1962	1963	1964	1965	1966	1967
零售总额	696.9	607.7	604	604.5	638.2	670.3	732.8	770.5
年份	1968	1969	1970	1971	1972	1973	1974	1975
零售总额	737.3	801.5	858	929.2	1023.3	1106.7	1163.6	1271.1
年份	1976	1977	1978	1979	1980	1981	1982	
零售总额	1339.4	1432.8	1558.6	1800	2140	2350	2570	

试用三次指数平滑法预测1983年和1985年全国社会商品零售额。

解 取 $\alpha=0.3$，计算公式为

$$\begin{cases} S_t^{(1)} = \alpha y_t + (1-\alpha)S_{t-1}^{(1)}, \\ S_t^{(2)} = \alpha S_t^{(1)} + (1-\alpha)S_{t-1}^{(2)}, \\ S_t^{(3)} = \alpha S_t^{(2)} + (1-\alpha)S_{t-1}^{(3)}. \end{cases} \tag{8.4}$$

式中：$S_t^{(1)}$、$S_t^{(2)}$、$S_t^{(3)}$ 分别为一、二、三次指数平滑值。其中初始值

$$S_1^{(0)} = S_2^{(0)} = S_3^{(0)} = \frac{y_1 + y_2 + y_3}{3} = 636.2.$$

三次指数平滑法的预测模型为

$$\hat{y}_{t+m} = a_t + b_t m + C_t m^2, m = 1,2,\cdots, \tag{8.5}$$

其中

$$\begin{cases} a_t = 3S_t^{(1)} - 3S_t^{(2)} + S_t^{(3)}, \\ b_t = \dfrac{\alpha}{2(1-\alpha)^2}[(6-5\alpha)S_t^{(1)} - 2(5-4\alpha)S_t^{(2)} + (4-3\alpha)S_t^{(3)}], \\ c_t = \dfrac{\alpha^2}{2(1-\alpha)^2}[S_t^{(1)} - 2S_t^{(2)} + S_t^{(3)}]. \end{cases} \tag{8.6}$$

由式(8.6)，得 $t=23$ 时，有

$$a_{23} = 2572.2613, b_{23} = 259.3374, c_{23} = 8.9819,$$

于是得到预测模型

$$\hat{y}_{23+m} = 8.9819m^2 + 259.3374m + 2572.2613,$$

其中 $m=1,2,3$ 分别对应着1983年，1984年和1985年销售额的预测值，最后求得1983年和1985年的预测值分别为2840.5806亿元，3431.1106亿元。

用Matlab软件计算时，把表8.2中全部数值数据（包括年份数据）保存到纯文本文件data82.txt中。计算的Matlab程序如下：

```
clc,clear
dd=textread('data82.txt');  % 把全部原始数据保存到纯文本文件data82.txt中
yt=dd([2:2:end],:); yt=yt'; yt=nonzeros(yt);  % 提取零售总额数据并变成列向量
n=length(yt); alpha=0.3; st0=mean(yt(1:3))
st1(1)=alpha*yt(1)+(1-alpha)*st0;
st2(1)=alpha*st1(1)+(1-alpha)*st0;
```

```
st3(1) = alpha * st2(1) + (1 - alpha) * st0;
for i = 2:n
    st1(i) = alpha * yt(i) + (1 - alpha) * st1(i-1);
    st2(i) = alpha * st1(i) + (1 - alpha) * st2(i-1);
    st3(i) = alpha * st2(i) + (1 - alpha) * st3(i-1);
end
xlswrite('lingshou.xls',[st1',st2',st3'])   % 把数据写在前三列
at = 3 * st1 - 3 * st2 + st3;
bt = 0.5 * alpha/(1 - alpha)^2 * ((6 - 5 * alpha) * st1 - 2 * (5 - 4 * alpha) * st2 + (4 - 3 * alpha) * st3);
ct = 0.5 * alpha^2/(1 - alpha)^2 * (st1 - 2 * st2 + st3);
yhat = at + bt + ct;
xlswrite('lingshou.xls',yhat','Sheet1','D2')   % 把数据写在第4列第2行开始的位置
plot(1:n,yt,'D',2:n,yhat(1:end-1),'*')
legend('实际值','预测值',2)   % 图注显示在左上角
xishu = [ct(end),bt(end),at(end)];   % 二次预测多项式的系数向量
yuce = polyval(xishu,[1:3])   % 求预测多项式自变量取值为1、2、3时的值
```

8.3 某地区粮食产量(亿千克),从1969年—1983年依次为3.78,4.19,4.83,5.46,6.71,7.99,8.60,9.24,9.67,9.87,10.49,10.92,10.93,12.39,12.59,试选用2~3种适当的曲线预测模型,预测1985年和1990年的粮食产量。

解 记原始的观测数据为 $y_t, t=1,2,\cdots,15$,分别对应1969年—1983年各年度的粮食产量。

(1) 修正指数曲线。修正指数曲线用于描述如下现象:

① 初期增长迅速,随后增长率逐渐降低;

② 当 $K>0, a<0, 0<b<1$ 时,$t \to \infty$,$ab^t \to 0$,即 $\hat{y}_t \to K$。

它的数学模型为

$$\hat{y}_t = K + ab^t, \tag{8.7}$$

在此数学模型中有三个参数 K, a 和 b 要用历史数据来确定。

当 K 值可预先确定时,采用最小二乘法确定模型中的参数。而当 K 值不能预先确定时,应采用三和法。

把时间序列的 n 个观察值等分为三部分,每部分有 m 期,即 $n=3m$。

第一部分: $y_1, y_2, \cdots, y_m$;

第二部分: $y_{m+1}, y_{m+2}, \cdots, y_{2m}$;

第三部分: $y_{2m+1}, y_{2m+2}, \cdots, y_{3m}$。

令每部分的趋势值之和等于相应的观察值之和,由此给出参数估计值。三和法步骤如下:

记观察值的各部分之和:

$$S_1 = \sum_{t=1}^{m} y_t, \quad S_2 = \sum_{t=m+1}^{2m} y_t, \quad S_3 = \sum_{t=2m+1}^{3m} y_t, \tag{8.8}$$

且

$$\begin{cases} S_1 = \sum_{t=1}^{m} \hat{y}_t = \sum_{t=1}^{m} (K + ab^t) = mK + ab(1 + b + b^2 + \cdots + b^{m-1}), \\ S_2 = \sum_{t=m+1}^{2m} \hat{y}_t = \sum_{t=m+1}^{2m} (K + ab^t) = mK + ab^{m+1}(1 + b + b^2 + \cdots + b^{m-1}), \\ S_3 = \sum_{t=2m+1}^{3m} \hat{y}_t = \sum_{t=2m+1}^{3m} (K + ab^t) = mK + ab^{2m+1}(1 + b + b^2 + \cdots + b^{m-1}), \end{cases} \quad (8.9)$$

由于

$$(1 + b + b^2 + \cdots + b^{m-1})(b - 1) = b^m - 1, \quad (8.10)$$

则根据式(8.9),得

$$\begin{cases} S_1 = mK + ab \dfrac{b^m - 1}{b - 1}, \\ S_2 = mK + ab^{m+1} \dfrac{b^m - 1}{b - 1}, \\ S_3 = mK + ab^{2m+1} \dfrac{b^m - 1}{b - 1}. \end{cases} \quad (8.11)$$

由(8.11)式,解得

$$\begin{cases} b = \left(\dfrac{S_3 - S_2}{S_2 - S_1} \right)^{\frac{1}{m}}, \\ a = (S_2 - S_1) \dfrac{b - 1}{b(b^m - 1)^2}, \\ K = \dfrac{1}{m} \left[S_1 - \dfrac{ab(b^m - 1)}{b - 1} \right]. \end{cases} \quad (8.12)$$

至此三个参数全部确定了,于是就可以用式(8.7)进行预测。

值得注意的是,并不是任何一组数据都可以用修正指数曲线拟合。采用前应对数据进行检验,检验方法是看给定数据的逐期增长量的比率是否接近某一常数,即

$$(y_{t+1} - y_t)/(y_t - y_{t-1})$$

的变化范围很小。

对于该问题的数据进行检验,发现有一个奇异值,此处仍然建立修正指数曲线模型。计算得

$$b = 0.8986, a = -13.4225, K = 14.8439,$$

模型的预测标准差为 $S_1 = 0.4240$,1985 年和 1990 年粮食产量的预测值分别为 12.6655 和 13.5679。

计算的 Matlab 程序如下:

```
clc, clear
t = 1969:1983;
yt = [3.78,4.19,4.83,5.46,6.71,7.99,8.60,9.24,9.67,9.87,10.49,10.92,10.93,12.39,12.59];
plot(t,yt,'*-')
n = length(yt); m = n/3; dyt = diff(yt)
```

```
for i = 1:n-2
    jy(i) = dyt(i+1)/dyt(i); % 进行模型检验
end
fw = minmax(jy) % 求向量的下限和上限
s1 = sum(yt(1:m)), s2 = sum(yt(m+1:2*m)), s3 = sum(yt(2*m+1:end))
b = ((s3-s2)/(s2-s1))^(1/m)
a = (s2-s1)*(b-1)/(b*(b^m-1)^2)
k = (s1-a*b*(b^m-1)/(b-1))/m
yuce = @(t)k+a*b.^t; % 定义预测的匿名函数
bzcha = sqrt(mean((yt-yuce(1:n)).^2)) % 计算预测的标准差
ythat = yuce([n+2,n+7]) % 求 1985 年和 1990 年的预测值
```

（2）Compertz 曲线。Compertz 曲线的一般形式为

$$\hat{y}_t = Ka^{b^t}, K > 0, 0 < a \neq 1, 0 < b \neq 1. \tag{8.13}$$

采用 Compertz 曲线前应对数据进行检验,检验方法是看给定数据的对数逐期增长量的比率是否接近某一常数 b,即

$$\frac{\ln y_{t+1} - \ln y_t}{\ln y_t - \ln y_{t-1}} \approx b. \tag{8.14}$$

Compertz 曲线用于描述这样一类现象:初期增长缓慢,以后逐渐加快。当达到一定程度后,增长率又逐渐下降。参数估计方法如下:

式(8.13)两边取对数,得

$$\ln \hat{y}_t = \log K + (\ln a) b^t, \tag{8.15}$$

记

$$\hat{y}'_t = \ln \hat{y}_t, K' = \ln K, a' = \ln a,$$

得

$$\hat{y}'_t = K' + a' b^t.$$

仿照修正指数曲线的三和法估计参数,令

$$S_1 = \sum_{t=1}^{m} y'_t, S_2 = \sum_{t=m+1}^{2m} y'_t, S_3 = \sum_{t=2m+1}^{3m} y'_t. \tag{8.16}$$

其中 $y'_t = \ln y_t$。则类似式(8.12),得

$$\begin{cases} b = \left(\dfrac{S_3 - S_2}{S_2 - S_1}\right)^{\frac{1}{m}}, \\ a' = (S_2 - S_1) \dfrac{b-1}{b(b^m - 1)^2}, \\ K' = \dfrac{1}{m}\left[S_1 - \dfrac{a'b(b^m - 1)}{b - 1}\right]. \end{cases} \tag{8.17}$$

利用式(8.17),得

$$b = 0.8244, a' = -1.7075, a = 0.1813,$$
$$K' = 2.5804, K = 13.2021,$$

从而粮食产量的 Compertz 曲线方程为
$$\hat{y}_t = 13.2021 \times 0.1813^{0.8244^t},$$
模型的预测标准差为 0.3772,1985 年和 1990 年粮食产量的预测值分别为 12.383 和 12.884。

计算的 Matlab 程序如下:
```
clc,clear
y=[3.78,4.19,4.83,5.46,6.71,7.99,8.60,9.24,9.67,9.87,10.49,10.92,10.93,
12.39,12.59];
yt=log(y); n=length(yt); m=n/3;
s1=sum(yt(1:m)), s2=sum(yt(m+1:2*m)), s3=sum(yt(2*m+1:end))
b=((s3-s2)/(s2-s1))^(1/m)
a2=(s2-s1)*(b-1)/(b*(b^m-1)^2)
k2=(s1-a2*b*(b^m-1)/(b-1))/m
a=exp(a2), k=exp(k2) % 原始模型中的参数取值
yuce=@(t) k*a.^(b.^t); % 定义预测的匿名函数
yhat=yuce(1:n) % 计算观测数据的预测值
bzcha=sqrt(mean((y-yhat).^2)) % 计算模型的预测标准差
ythat=yuce([n+2,n+7]) % 求1985年和1990年的预测值
```

(3) Logistic 曲线(生长曲线)。生物的生长过程经历发生、发展到成熟三个阶段,在三个阶段生物的生长速度是不一样的,例如南瓜的重量增长速度,在第一阶段增长的较慢,在发展时期则突然加快,而到了成熟期又趋减慢,形成一条 S 形曲线,这就是有名的 Logistic 曲线(生长曲线),很多事物,如技术和产品发展进程都有类似的发展过程,因此 Logistic 曲线在预测中有相当广泛的应用。

Logistic 曲线的一般数学模型是

$$\frac{dy}{dt} = ry\left(1 - \frac{y}{L}\right). \tag{8.18}$$

式中:y 为预测值;L 为 y 的极限值;r 为增长率常数,$r>0$。解此微分方程,得

$$y = \frac{L}{1+ce^{-rt}}. \tag{8.19}$$

式中:c 为常数。

下面记 Logistic 曲线的一般形式为

$$y_t = \frac{1}{K+ab^t}, K>0, a>0, 0<b \neq 1.$$

检验能否使用 Logistic 曲线的方法,是看给定数据倒数的逐期增长量的比率是否接近某一常数 b,即

$$\frac{1/y_{t+1} - 1/y_t}{1/y_t - 1/y_{t-1}} \approx b. \tag{8.20}$$

Logistic 曲线中参数估计方法如下:

作变换

$$y'_t = \frac{1}{y_t},$$

得

$$y'_t = K + ab^t.$$

仿照修正指数曲线的三和法估计参数,令

$$S_1 = \sum_{t=1}^{m} y'_t, S_2 = \sum_{t=m+1}^{2m} y'_t, S_3 = \sum_{t=2m+1}^{3m} y'_t, \tag{8.21}$$

则类似式(8.12),得

$$\begin{cases} b = \left(\dfrac{S_3 - S_2}{S_2 - S_1}\right)^{\frac{1}{m}}, \\ a = (S_2 - S_1)\dfrac{b-1}{b(b^m-1)^2}, \\ K = \dfrac{1}{m}\left[S_1 - \dfrac{ab(b^m-1)}{b-1}\right]. \end{cases} \tag{8.22}$$

由式(8.22),得

$$b = 0.7501, a = 0.2796, K = 0.0805,$$

从而粮食产量的 Logistic 曲线方程为

$$\hat{y}_t = \frac{1}{0.0805 + 0.2796 \times 0.7501^t},$$

模型的预测标准差为 0.3892。将 $t=17$ 和 $t=22$ 代入方程,1985 年和 1990 年粮食产量的预测值分别为 12.1068 和 12.3467。

计算的 MATLAB 程序如下:

```
clc,clear
y=[3.78,4.19,4.83,5.46,6.71,7.99,8.60,9.24,9.67,9.87,10.49,10.92,10.93,12.39,12.59];
yt=1./y; n=length(yt);m=n/3;
s1=sum(yt(1:m)); s2=sum(yt(m+1:2*m)); s3=sum(yt(2*m+1:end));
b=((s3-s2)/(s2-s1))^(1/m)
a=(s2-s1)*(b-1)/(b*(b^m-1)^2)
k=(s1-a*b*(b^m-1)/(b-1))/m
yuce=@(t)1./(k+a*b.^t); % 定义预测的匿名函数
yhat=yuce(1:n) % 计算观测数据的预测值
bzcha=sqrt(mean((y-yhat).^2)) % 计算模型的预测标准差
ythat=yuce([n+2,n+7]) % 求 1985 年和 1990 年的预测值
```

8.4 1952 年—1997 年我国人均国内生产总值(单位:元)数据如表 8.3 所列。

表 8.3　1952 年—1997 年我国人均国内生产总值

年代	人均生产总值	年代	人均生产总值	年代	人均生产总值
1952	119	1968	222	1984	682
1953	142	1969	243	1985	853
1954	144	1970	275	1986	956
1955	150	1971	288	1987	1104
1956	165	1972	292	1988	1355
1957	168	1973	309	1989	1512
1958	200	1974	310	1990	1634
1959	216	1975	327	1991	1879
1960	218	1976	316	1992	2287
1961	185	1977	339	1993	2939
1962	173	1978	379	1994	3923
1963	181	1979	417	1995	4854
1964	208	1980	460	1996	5576
1965	240	1981	489	1997	6079
1966	254	1982	525		
1967	235	1983	580		

（1）用 ARIMA(2,1,1) 模型拟合,求模型参数的估计值;
（2）求数据的 10 步预报值。

解　记原始数据序列为 $\{x_t\}$,进行一阶差分变换后的序列为 $\{y_t\}$,其中 $y_t = x_{t+1} - x_t$。

（1）使用 Matlab 软件,求得

$$y_t = 1.253 y_{t-1} - 0.3522 y_{t-2} + \varepsilon_t + 0.5022 \varepsilon_{t-1}.$$

（2）未来 10 年的预测值分别为:6419.4474,6668.7704,6861.1915,7014.4250,7138.6091,7240.2050,7323.7357,7392.5920,7449.4283,7496.3755。

用 Matlab 软件计算时,首先把表中的全部原始数据(包括年代)保存到纯文本文件 data83.txt 中,计算的 Matlab 程序如下:

```
clc, clear
a = textread('data83.txt');
xt = a(:,[2:2:end]); xt = nonzeros(xt); % 把原始数据按照时间先后次序展成列向量
yt = diff(xt); % 对原始数据进行差分变换
m = armax(yt,[2,1]) % 拟合 arma 模型
yd = yt;
for i = 1:10
    tt1 = predict(m,[·;0]); % 计算一步预测值
    tt2 = tt1{:}(end); % 提出最后的一个预测值
    ythat(i) = tt2; % 保存第 i 个预测值
    yd = [yd;tt2]; % 构造下一步预测的数据
end
```

```
ythat    % 显示差分数据的预测值
xthat = xt(end) + cumsum(ythat)    % 计算原始数据的预测值
```

8.5 某地区山猫的数量在前连续 114 年的统计数据如表 8.4 所列。分析该数据,得出山猫的生长规律,并预测以后两个年度山猫的数量。

表 8.4　山猫数据(数据逐行排列)

269	321	585	871	1475	2821	3928	5943	4950	2577	523	98
184	279	409	2285	2685	3409	1824	409	151	45	68	213
546	1033	2129	2536	957	361	377	225	360	731	1638	2725
2871	2119	684	299	236	245	552	1623	3311	6721	4254	687
255	473	358	784	1594	1676	2251	1426	756	299	201	229
469	736	2042	2811	4431	2511	389	73	39	49	59	188
377	1292	4031	3495	537	105	153	387	758	1307	3465	6991
6313	3794	1836	345	382	808	1388	2713	3800	309	2985	3790
674	71	80	108	229	399	1132	2432	3575	2935	1537	529
485	662	1000	1520	2657	3396						

解 (1) 序列时序图。记原始序列为 $\{x_t\}$,序列时序图如图 8.1 所示,时序图显示该序列大致具有 12 个周期变化,周期的长度为 9 年或 10 年,下面使用周期 $T = 10$ 年进行计算。

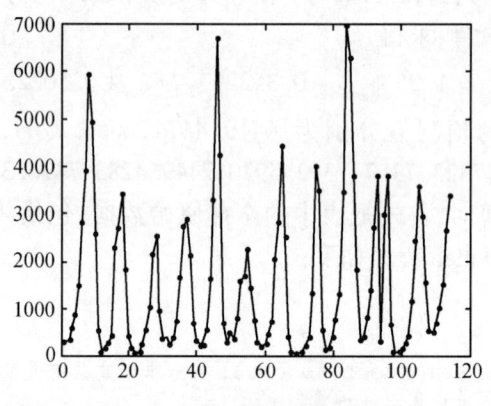

图 8.1　山猫原始数据的时序图

(2) 差分平稳。对原序列做 10 步差分,消除季节趋势,得到序列 $\{y_t\}$,其中 $y_t = x_{t+10} - x_t$,差分后序列图如图 8.2 所示。时序图显示差分后序列基本平稳了。

(3) 模型拟合。根据差分后序列的自相关(图 8.3)和偏自相关(图 8.4)的性质,尝试拟合 ARMA 模型,拟合的 ARMA(1,10)模型较理想,并且通过了白噪声检验,说明低阶的 ARMA 模型不适合拟合这个序列。由于模型的参数较多,这里就不给出具体的模型了。

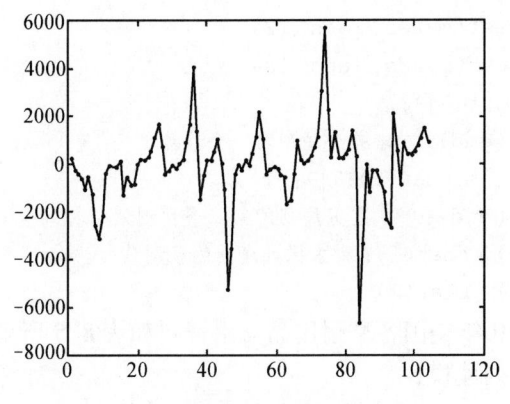

图 8.2　季节差分后数据的时序图

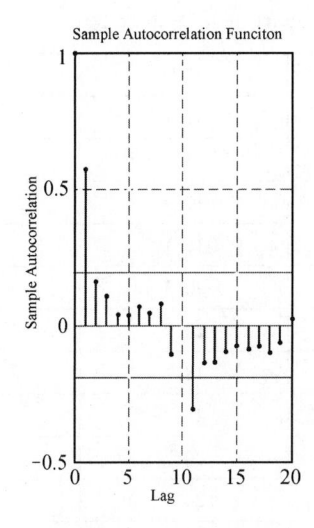

图 8.3　自相关函数图 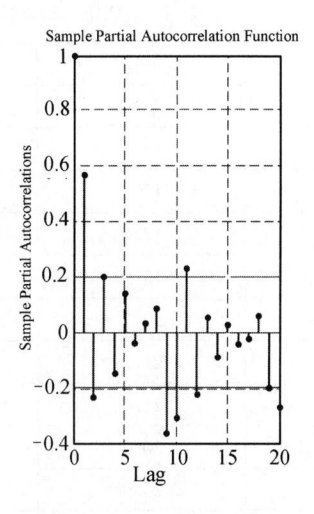　　　　图 8.4　偏自相关函数图

（4）求预测值。利用 Matlab 软件求得下两个年度的预测值为 4296 和 3656。计算的 Matlab 程序如下：

```
clc, clear
a = textread('data84.txt'); % 把原始数据保存到纯文本文件 data84.txt
a = a'; a = nonzeros(a); n = length(a);
plot(a,'.-')
for i = 11:n
    b(i-10) = a(i) - a(i-10); % 进行季节差分变换
end
b = b'; figure, plot(b,'.-')
figure, subplot(121), autocorr(b)
subplot(122), parcorr(b)
cs = armax(b,[1,10]) % 拟合模型
figure, myres = resid(cs,b); % 计算残差向量并画出残差的自相关函数图
[h1,p1,st1] = lbqtest(myres,'lags',6) % 进行 LBQ 检验
```

```
[h2,p2,st2] = lbqtest(myres,'lags',12)
[h3,p3,st3] = lbqtest(myres,'lags',18)
bhat1 = predict(cs,[b;0]);
bhat(1) = bhat1{:}(end);    % 求差分序列第一个预测值
bhat2 = predict(cs,[b;bhat(1);0]);
bhat(2) = bhat2{:}(end);    % 求差分序列的第二个预测值
ahat(1) = a(end-9) + bhat(1);    % 求原始序列的预测值
ahat(2) = a(end-8) + bhat(2);
```

8.6 1946年—1970年美国各季耐用品支出资料如表8.5所列。

（1）对所给时间序列建模；

（2）对时间序列进行两年(8个季度)的预报。

表8.5 1946年—1970年美国各季耐用品支出资料

年度	一季	二季	三季	四季
1946	7.5	8.9	11.1	13.4
1947	15.5	15.7	15.6	16.7
1948	18.0	17.4	17.9	18.8
1949	17.6	17.0	16.1	15.7
1950	15.9	17.9	20.3	20.4
1951	20.2	20.5	20.9	20.9
1952	21.1	21.4	18.2	20.1
1953	21.4	21.3	21.9	21.3
1954	20.4	20.4	20.7	20.7
1955	20.9	23.0	24.9	26.5
1956	25.6	26.1	27.0	27.2
1957	28.1	28.0	29.1	28.3
1958	25.7	24.5	24.4	25.5
1959	27.0	28.7	29.1	29.0
1960	29.6	31.2	30.6	29.8
1961	27.6	27.7	29.0	30.3
1962	31.0	32.1	33.5	33.2
1963	33.2	33.8	35.5	36.8
1964	37.9	39.0	41.0	41.6
1965	43.7	44.4	46.6	48.3
1966	50.2	52.1	54.0	56.0
1967	53.9	55.6	55.4	56.2
1968	57.9	57.3	58.8	60.4
1969	63.1	83.5	64.8	65.7
1970	64.8	65.6	67.2	62.1

解 （1）对所给时间序列建模。

① 首先对此序列进行观察分析。图 8.5 为数据曲线图,可以看出具有指数上升趋势,因此,对确定性部分先拟合一个指数增长模型,即

$$X_t = \mu_t + Y_t, \mu_t = R_1 e^{r_1 t},$$

这里各季度依次编号为 $t = 1, 2, \cdots, 100$。

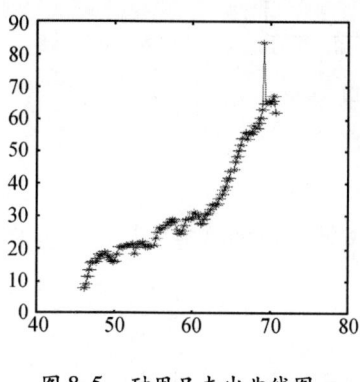

图 8.5 耐用品支出曲线图

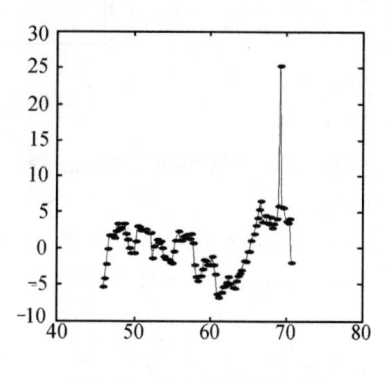

图 8.6 剩余序列数据图

② 确定性趋势的拟合。为了能用线性最小二乘法估计参数 R_1 和 r_1,$\mu_t = R_1 e^{r_1 t}$ 两边取对数,得

$$\ln \mu_t = \ln R_1 + r_1 t,$$

利用观测数据求得 $\hat{R}_1 = 12.6385, \hat{r}_1 = 0.0162$。剩余平方和为 1683.5371。剩余序列 Y_t 如图 8.6 所示,可以认为是平稳的。

③ 对剩余序列拟合 ARMA 模型。Y_t 的自相关与偏自相关如图 8.7 所示,可初步断定 Y_t 的适应模型为 AR 模型,逐步增加 AR 模型阶数进行拟合,其残差方差图如图 8.8 所示,因此,合适的模型为 AR(2),即

$$Y_t = \varphi_1 Y_{t-1} + \varphi_2 Y_{t-2} + a_t,$$

参数估计为 $\hat{\varphi}_1 = 0.5451, \hat{\varphi}_2 = 0.2478$。

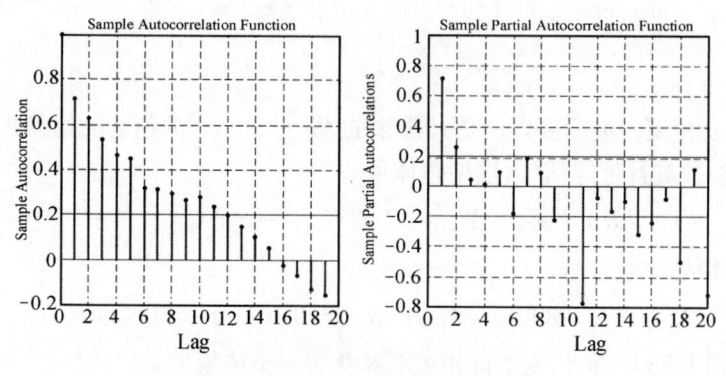

图 8.7 剩余序列的相关函数图

图 8.8　残差方差图

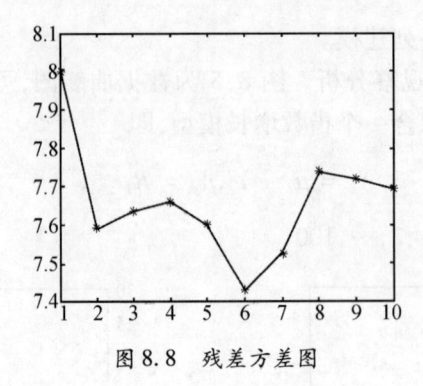

上面进行计算和画图的 Matlab 程序如下：

```
clc, clear
a = load('data85.txt'); % 把原始所有四个季度的数据保存到纯文本文件
a = a'; a = a(:); % 把数据变成列向量
n = length(a);
t0 = [46:1/4:71-1/4]';
t = [1:100]';
xishu = [ones(n,1),t];
cs = xishu \ log(a);
cs(1) = exp(cs(1))
ahat = cs(1) * exp(cs(2) * t);
cha = a - ahat;
res = sum(cha.^2)
subplot(121), plot(t0,a,'*-')
subplot(122), plot(t0,cha,'.-')
figure, subplot(121), autocorr(cha)
subplot(122), parcorr(cha)
for i = 1:10
    cs2{i} = ar(cha,i); % 拟合模型
    cha2 = resid(cs2{i},cha); % 计算残差向量
    myvar(i) = sum(cha2.^2)/(100-i); % 计算残差方差
end
figure, plot(myvar,'*-')
```

④ 建立组合模型。最后要以已估计出来的 $R_1, r_1, \varphi_1, \varphi_2$ 的值为初始值用非线性最小二乘法对模型参数进行整体估计,模型整体可写为

$$X_t = \mu_t + Y_t = R_1 e^{r_1 t} + \varphi_1 (X_{t-1} - R_1 e^{r_1(t-1)}) + \varphi_2 (X_{t-2} - R_1 e^{r_1(t-2)}) + a_t,$$

最终的参数整体估计为

$$\hat{R}_1 = 12.1089, \hat{r}_1 = 0.017, \hat{\varphi}_1 = 0.517, \hat{\varphi}_2 = 0.2397.$$

残差平方和为 738.4402,残差自相关图 8.9 表明整体模型是适应的。

(2) 对所给的时间序列进行两年(8 个季度)的预报。

用所建的模型以 1970 年第 4 季度即 $t = 100$ 为原点进行预测,结果如表 8.6 所列。

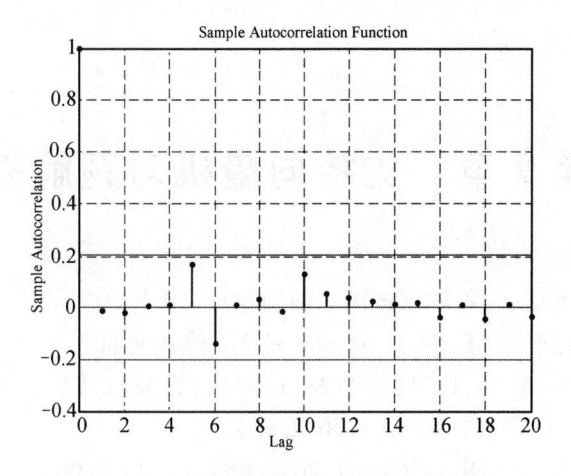

图 8.9 拟合整体模型后的残差自相关图

表 8.6 耐用品支出预测表

l	0	1	2	3	4	5	6	7	8
$t+l$	t	$t+1$	$t+2$	$t+3$	$t+4$	$t+5$	$t+6$	$t+7$	$t+8$
$\hat{X}_t(l)$	62.1	65.8298	66.8384	68.562	70.0083	71.4879	72.9238	74.3507	75.768

计算的 Matlab 程序如下：

```
clc, clear
xt = @(cs,x) cs(1)*(exp(cs(2)*x(:,3))-cs(3)*exp(cs(2)*(x(:,3)-1))-...
    cs(4)*exp(cs(2)*(x(:,3)-2)))+cs(3)*x(:,1)+cs(4)*x(:,2);
cs0 = [12.6385,0.0162,0.5451,0.2478]';
a = load('data85.txt');
a = a'; a = a(:); % 把数据变成列向量
x = [a(2:end-1),a(1:end-2),[3:100]'];
cs = lsqcurvefit(xt,cs0,x,a(3:end))
res = a(3:end)-xt(cs,x);
Q = sum(res.^2) % 计算残差平方和
autocorr(res) % 画残差自相关图
xhat = a;
for j = 101:108
    xhat(j) = cs(1)*(exp(cs(2)*j)-cs(3)*exp(cs(2)*(j-1))-...
        cs(4)*exp(cs(2)*(j-2)))+cs(3)*xhat(j-1)+cs(4)*xhat(j-2);
end
xhat101_108 = xhat(101:108)
```

第9章 支持向量机习题解答

9.1 螟虫分类问题:生物学家试图对两种螟虫(Af 与 Apf)进行鉴别,依据的资料是触角和翅膀的长度,已经测得了9只 Af 和6只 Apf 的数据如下:

Af:(1.24,1.27),(1.36,1.74),(1.38,1.64),(1.38,1.82),(1.38,1.90),(1.40,1.70),(1.48,1.82),(1.54,1.82),(1.56,2.08)

Apf:(1.14,1.82),(1.18,1.96),(1.20,1.86),(1.26,2.00),(1.28,2.00),(1.30,1.96)

现在的问题是:

(1) 根据如上资料,如何制定一种方法,正确地区分两类螟虫。

(2) 对触角和翼长分别为(1.24,1.80),(1.28,1.84)与(1.40,2.04)的3个标本,用所得到的方法加以识别。

解 (1) 分类方法。记 x_1 和 x_2 分别表示螟虫的触角和翅膀长度,已知观测样本为 $[a_i, y_i](i=1,\cdots,9)$,其中 $a_i \in \mathbf{R}^2, y_i = 1$ 表示 Af, $y_i = -1$ 表示 Apf。

首先进行线性分类,即要找一个最优分类面 $(\boldsymbol{\omega} \cdot \boldsymbol{x}) + b = 0$,其中 $\boldsymbol{x} = [x_1, x_2], \boldsymbol{\omega} \in \mathbf{R}^2, b \in \mathbf{R}, \boldsymbol{\omega}, b$ 待定,若满足如下条件

$$\begin{cases} (\boldsymbol{\omega} \cdot \boldsymbol{a}_i) + b \geq 1, & y_i = 1, \\ (\boldsymbol{\omega} \cdot \boldsymbol{a}_i) + b \leq -1, & y_i = -1, \end{cases}$$

即有 $y_i((\boldsymbol{\omega} \cdot \boldsymbol{a}_i) - b) \geq 1, i = 1, \cdots, n$,其中,满足方程 $(\boldsymbol{\omega} \cdot \boldsymbol{a}_i) + b = \pm 1$ 的样本为支持向量。

要使两类总体到分类面的距离最大,则有

$$\max \frac{2}{\|\boldsymbol{\omega}\|} \Rightarrow \min \frac{1}{2}\|\boldsymbol{\omega}\|^2,$$

于是建立 SVM 的如下数学模型。

模型1:

$$\min \frac{1}{2}\|\boldsymbol{\omega}\|^2,$$
$$\text{s.t. } y_i((\boldsymbol{\omega} \cdot \boldsymbol{a}_i) + b) \geq 1, i = 1, 2, \cdots, n.$$

求得最优值对应的 $\boldsymbol{\omega}^*, b^*$,可得分类函数

$$g(\boldsymbol{x}) = \text{sgn}((\boldsymbol{\omega}^* \cdot \boldsymbol{x}) + b^*).$$

当 $g(\boldsymbol{x}) = 1$ 时,把样本归于 Af 类,当 $g(\boldsymbol{x}) = -1$ 时,把样本归于 Apf 类。

模型1是一个二次规划模型,为了利用 Matlab 求解模型1,下面把模型1化为其对偶问题。

定义广义拉格朗日函数

$$L(\boldsymbol{\omega},\boldsymbol{\alpha}) = \frac{1}{2}\|\boldsymbol{\omega}\|^2 + \sum_{i=1}^{n}\alpha_i[1 - y_i((\boldsymbol{\omega}\cdot\boldsymbol{a}_i) + b)],$$

其中 $\boldsymbol{\alpha} = [\alpha_1,\cdots,\alpha_n]^T \in \boldsymbol{R}^{n+}$。

由 KKT 互补条件,通过对 $\boldsymbol{\omega}$ 和 b 求偏导,得

$$\frac{\partial L}{\partial \boldsymbol{\omega}} = \boldsymbol{\omega} - \sum_{i=1}^{n}\alpha_i y_i \boldsymbol{a}_i = 0,$$

$$\frac{\partial L}{\partial b} = \sum_{i=1}^{n}\alpha_i y_i = 0,$$

得 $\boldsymbol{\omega} = \sum_{i=1}^{n}\alpha_i y_i \boldsymbol{a}_i$, $\sum_{i=1}^{n}\alpha_i y_i = 0$,代入原始拉格朗日函数,得

$$L = \sum_{i=1}^{n}\alpha_i - \frac{1}{2}\sum_{i=1}^{n}\sum_{j=1}^{n}\alpha_i\alpha_j y_i y_j (\boldsymbol{a}_i\cdot\boldsymbol{a}_j).$$

于是模型 1 可以化为模型 2.

模型 2:

$$\max \sum_{i=1}^{n}\alpha_i - \frac{1}{2}\sum_{i=1}^{n}\sum_{j=1}^{n}\alpha_i\alpha_j y_i y_j(\boldsymbol{a}_i\cdot\boldsymbol{a}_j),$$

$$\text{s.t.}\begin{cases}\sum_{i=1}^{n}\alpha_i y_i = 0,\\ 0 \leq \alpha_i, i = 1,2,\cdots,n.\end{cases}$$

解此二次规划得到最优解 α^*,从而得权重向量 $\boldsymbol{\omega}^* = \sum_{i=1}^{n}\alpha_i^* y_i \boldsymbol{a}_i$。

由 KKT 互补条件知

$$\alpha_i^*[1 - y_i((\boldsymbol{\omega}^*\cdot\boldsymbol{a}_i) + b^*)] = 0,$$

这意味着仅仅是支持向量 $\boldsymbol{a}_i$,使得 α_i^* 为正,所有其他样本对应的 α_i^* 均为零。选择 α^* 的一个正分量 α_j^*,并以此计算

$$b^* = y_j - \sum_{i=1}^{n}y_i\alpha_i^*(\boldsymbol{a}_i\cdot\boldsymbol{a}_j).$$

最终的分类函数表达式为

$$g(\boldsymbol{x}) = \text{sgn}\left(\sum_{i=1}^{n}\alpha_i^* g_i(\boldsymbol{t}_i\cdot\boldsymbol{x}) + b^*\right). \tag{9.1}$$

实际上,模型 2 中的 $(\boldsymbol{a}_i\cdot\boldsymbol{a}_j)$ 是核函数的线性形式。非线性核函数可以将原样本空间线性不可分的向量转化到高维特征空间中线性可分的向量。

将模型 2 换成一般的核函数 $K(\boldsymbol{x},\boldsymbol{y})$,可得一般的模型。

模型 3:

$$\max \sum_{i=1}^{n}\alpha_i - \frac{1}{2}\sum_{i=1}^{n}\sum_{j=1}^{n}\alpha_i\alpha_j y_i y_j K(\boldsymbol{a}_i,\boldsymbol{a}_j),$$

$$\text{s.t.}\begin{cases}\sum_{i=1}^{n}\alpha_i y_i = 0,\\ 0\leq\alpha_i, i=1,2,\cdots,n.\end{cases}$$

分类函数表达式为

$$g(\boldsymbol{x}) = \text{sgn}\Big(\sum_{i=1}^{n}\alpha_i^* y_i K(\boldsymbol{a}_i,\boldsymbol{x}) + b^*\Big). \tag{9.2}$$

(2) 未知样本的分类。使用模型 1 或模型 2,利用 Matlab 软件,把 3 个待判定的样本点全部判为 Apf 类,且该方法对已知样本点的误判率为 0。

计算的 Matlab 程序如下:

```
clc, clear
x0 = [1.24,1.27;1.36,1.74;1.38,1.64;1.38,1.82;1.38,1.90;1.40,1.70
    1.48,1.82;1.54,1.82;1.56,2.08;1.14,1.82;1.18,1.96;1.20,1.86
    1.26,2.00;1.28,2.00;1.30,1.96];% 输入已知样本数据
x = [1.24,1.80;1.28,1.84;1.40,2.04];% 输入待判样本点数据
group = [ones(9,1); -ones(6,1)];% 输入已知样本标志
s = svmtrain(x0,group);% 使用线性核函数训练支持向量机的分类器
check = svmclassify(s,x0)  % 对已知样本点进行检验
solution = svmclassify(s,x) % 对未知样本点进行判别
```

9.2 考虑下面的优化问题:

$$\min \|\boldsymbol{\omega}\|^2 + c_1\sum_{i=1}^{n}\xi_i + c_2\sum_{i=1}^{n}\xi_i^2,$$

$$\text{s.t.}\begin{cases}g_i((\boldsymbol{\omega}\cdot\boldsymbol{x}_i) + b) \geq 1-\xi_i, i=1,2,\cdots,n,\\ \xi_i\geq 0, i=1,2,\cdots,n.\end{cases}$$

讨论参数 c_1 和 c_2 变化产生的影响,导出对偶表示形式。

解 问题

$$\min \|\boldsymbol{\omega}\|^2 + c_1\sum_{i=1}^{n}\xi_i,$$

$$\text{s.t.}\begin{cases}g_i((\boldsymbol{\omega}\cdot\boldsymbol{x}_i) + b) \geq 1-\xi_i, i=1,2,\cdots,n,\\ \xi_i\geq 0, i=1,2,\cdots,n,\end{cases}$$

与问题

$$\min \|\boldsymbol{\omega}\|^2 + c_1\sum_{i=1}^{n}\xi_i + c_2\sum_{i=1}^{n}\xi_i^2,$$

$$\text{s.t.}\begin{cases}g_i((\boldsymbol{\omega}\cdot\boldsymbol{x}_i) + b) \geq 1-\xi_i, i=1,2,\cdots,n,\\ \xi_i\geq 0, i=1,2,\cdots,n.\end{cases}$$

是等价的,此处只需考虑参数 c_1 变化产生的影响即可。

当参数 $c_1\to 0$ 时,即目标函数的惩罚因子较小,允许 ξ_i 取较大的值。当 $c_1\to +\infty$,不允许 ξ_i 取正值,问题等价于

$$\min \|\boldsymbol{\omega}\|^2,$$

s. t. $g_i((\boldsymbol{\omega} \cdot \boldsymbol{x}_i) + b) \geq 1, i = 1, 2, \cdots, n.$

下面给出对偶表示形式。首先引入 Lagrange 函数

$$L(\boldsymbol{\omega}, b, \xi, \alpha, \beta) = \|\boldsymbol{\omega}\|^2 + c_1 \sum_{i=1}^{n} \xi_i + c_2 \sum_{i=1}^{n} \xi_i^2$$
$$- \sum_{i=1}^{n} \alpha_i (g_i[(\boldsymbol{\omega} \cdot \boldsymbol{x}_i) + b] - 1 + \xi_i) - \sum_{i=1}^{n} \beta_i \xi_i,$$

其中 $\alpha_i \geq 0$ 和 $\beta_i \geq 0$，根据 Wolf 对偶定义，对 L 关于 $\boldsymbol{\omega}$、b、ξ 求极小，即

$$\nabla_{\boldsymbol{\omega}} L(\boldsymbol{\omega}, b, \xi, \alpha, \beta) = 0, \nabla_b L(\boldsymbol{\omega}, b, \xi, \alpha, \beta) = 0, \nabla_\xi L(\boldsymbol{\omega}, b, \xi, \alpha, \beta) = 0,$$

得

$$\boldsymbol{\omega} = \frac{1}{2} \sum_{i=1}^{n} \alpha_i g_i \boldsymbol{x}_i,$$
$$\sum_{i=1}^{n} \alpha_i g_i = 0,$$
$$c_1 + 2c_2 \xi_i - \alpha_i - \beta_i = 0.$$

然后将上述极值条件代入 Lagrange 函数，对 α 求极大，得到对偶问题

$$\max_{\boldsymbol{\alpha}} -\frac{1}{4} \sum_{i=1}^{n} \sum_{j=1}^{n} g_i g_j \alpha_i \alpha_j (\boldsymbol{x}_i, \boldsymbol{x}_j) + \sum_{i=1}^{n} \alpha_i,$$

$$\text{s. t.} \begin{cases} \sum_{i=1}^{n} g_i \alpha_i = 0, \\ 0 \leq \alpha_i \leq c_1, i = 1, \cdots, n. \end{cases}$$

第10章 多元分析习题解答

10.1 表 10.1 是 1999 年中国省、自治区的城市规模结构特征的一些数据,试通过聚类分析将这些省、自治区进行分类。

表 10.1 城市规模结构特征数据

省、自治区	城市规模/万人	城市首位度	城市指数	基尼系数	城市规模中位值/万人
京津冀	699.70	1.4371	0.9364	0.7804	10.880
山西	179.46	1.8982	1.0006	0.5870	11.780
内蒙古	111.13	1.4180	0.6772	0.5158	17.775
辽宁	389.60	1.9182	0.8541	0.5762	26.320
吉林	211.34	1.7880	1.0798	0.4569	19.705
黑龙江	259.00	2.3059	0.3417	0.5076	23.480
苏沪	923.19	3.7350	2.0572	0.6208	22.160
浙江	139.29	1.8712	0.8858	0.4536	12.670
安徽	102.78	1.2333	0.5326	0.3798	27.375
福建	108.50	1.7291	0.9325	0.4687	11.120
江西	129.20	3.2454	1.1935	0.4519	17.080
山东	173.35	1.0018	0.4296	0.4503	21.215
河南	151.54	1.4927	0.6775	0.4738	13.940
湖北	434.46	7.1328	2.4413	0.5282	19.190
湖南	139.29	2.3501	0.8360	0.4890	14.250
广东	336.54	3.5407	1.3863	0.4020	22.195
广西	96.12	1.2288	0.6382	0.5000	14.340
海南	45.43	2.1915	0.8648	0.4136	8.730
川渝	365.01	1.6801	1.1486	0.5720	18.615
云南	146.00	6.6333	2.3785	0.5359	12.250
贵州	136.22	2.8279	1.2918	0.5984	10.470
西藏	11.79	4.1514	1.1798	0.6118	7.315
陕西	244.04	5.1194	1.9682	0.6287	17.800
甘肃	145.49	4.7515	1.9366	0.5806	11.650
青海	61.36	8.2695	0.8598	0.8098	7.420
宁夏	47.60	1.5078	0.9587	0.4843	9.730
新疆	128.67	3.8535	1.6216	0.4901	14.470

解 用 $i=1,2,\cdots,27$ 表示京津冀、山西、$\cdots$、新疆 27 省、自治区，$x_j(j=1,\cdots,5)$ 分别表示指标变量城市规模、城市首位度、城市指数、基尼系数、城市规模中位值。

(1) 数据标准化。用 a_{ij} 表示第 i 个省第 j 个指标变量的取值，首先将各指标值 a_{ij} 转化为标准化指标值，即

$$b_{ij} = \frac{a_{ij} - \mu_j}{s_j}, i = 1, 2, \cdots, 27; j = 1, \cdots, 5.$$

式中：$\mu_j = \frac{1}{27}\sum_{i=1}^{27} a_{ij}, s_j = \sqrt{\frac{1}{26}\sum_{i=1}^{27}(a_{ij}-\mu_j)^2}$ $(j=1,2,\cdots,5)$，即 μ_j、s_j 为第 j 个指标的样本均值和样本标准差。对应地，称

$$y_j = \frac{x_j - \mu_j}{s_j}, j = 1, 2, \cdots, m$$

为标准化指标变量。

(2) 计算 27 个样本点两两之间的距离，构造距离矩阵 $(d_{ik})_{27\times 27}$，这里距离采用欧几里得距离

$$d_{ik} = \sqrt{\sum_{j=1}^{5}(b_{ij} - b_{kj})^2}.$$

使用最短距离法来测量类与类之间的距离，即类 G_p 和 G_q 之间的距离：

$$D(G_p, G_q) = \min_{i \in G_p, k \in G_q}\{d_{ik}\}.$$

(3) 构造 27 个类，每一个类中只包含一个样本点，每一类的平台高度均为零。

(4) 合并距离最近的两类为新类，并且以这两类间的距离值作为聚类图中的平台高度。

(5) 若类的个数等于 1，转入步骤(6)，否则，计算新类与当前各类的距离，回到步骤(4)。

(6) 绘制聚类图，根据需要决定类的个数和类。

计算和绘图的 Matlab 程序如下：

```
clc, clear
fid = fopen('str101.txt','r'); % 把第一列的字符数据保存在 str101.txt 中
ss = textscan(fid,'%s') % 读入省、自治区名称字符串
a = load('data101.txt'); % 把数值数据保存在纯文本文件 data101.txt 中
b = zscore(a) % 数据标准化
d = pdist(b) % 计算两两之间的欧氏距离
z = linkage(d) % 生成具有层次结构的聚类树
dendrogram(z,'label',ss{:}) % 画聚类图
```

绘制的聚类图如图 10.1 所示，从图 10.1 可以看出，苏沪、京津冀、青海各自成一类，其余省、自治区成一类。

10.2 表 10.2 是我国 1984 年—2000 年宏观投资的一些数据，试利用主成分分析对投资效益进行分析和排序。

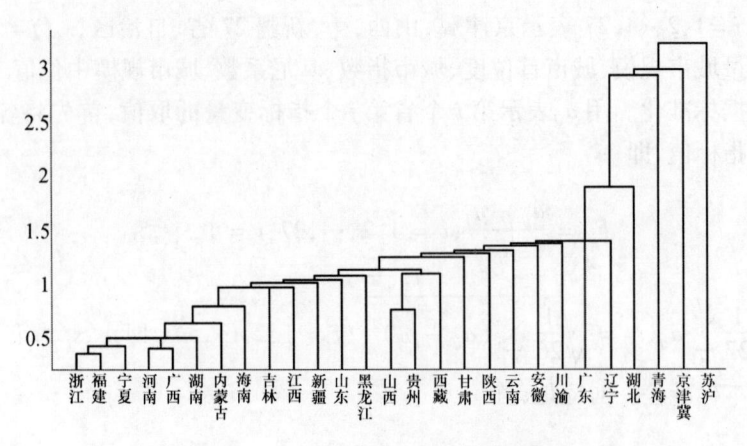

图 10.1 城市规模结构特征聚类图

表 10.2 1984 年—2000 年宏观投资效益主要指标

年份	投资效果系数（无时滞）	投资效果系数（时滞一年）	全社会固定资产交付使用率	建设项目投产率	基建房屋竣工率
1984	0.71	0.49	0.41	0.51	0.46
1985	0.40	0.49	0.44	0.57	0.50
1986	0.55	0.56	0.48	0.53	0.49
1987	0.62	0.93	0.38	0.53	0.47
1988	0.45	0.42	0.41	0.54	0.47
1989	0.36	0.37	0.46	0.54	0.48
1990	0.55	0.68	0.42	0.54	0.46
1991	0.62	0.90	0.38	0.56	0.46
1992	0.61	0.99	0.33	0.57	0.43
1993	0.71	0.93	0.35	0.66	0.44
1994	0.59	0.69	0.36	0.57	0.48
1995	0.41	0.47	0.40	0.54	0.48
1996	0.26	0.29	0.43	0.57	0.48
1997	0.14	0.16	0.44	0.55	0.47
1998	0.12	0.13	0.45	0.59	0.54
1999	0.22	0.25	0.44	0.58	0.52
2000	0.71	0.49	0.41	0.51	0.46

解 用 $x_1, x_2, \cdots, x_5$ 分别表示投资效果系数(无时滞)，投资效果系数(时滞一年)，全社会固定资产交付使用率，建设项目投产率，基建房屋竣工率。用 $i = 1, 2, \cdots, 17$ 分别表示 1984 年，1985 年，$\cdots$，2000 年，第 i 年第 j 个指标变量 x_j 的取值记作 a_{ij}，构造矩阵 $\boldsymbol{A} = (a_{ij})_{17 \times 5}$。

基于主成分分析法的评价和排序步骤如下。

(1) 对原始数据进行标准化处理。将各指标值 a_{ij} 转换成标准化指标 $\tilde{a}_{ij}$，即

$$\tilde{a}_{ij} = \frac{a_{ij} - \mu_j}{s_j}, \ i = 1,2,\cdots,17; j = 1,2,\cdots,5.$$

式中：$\mu_j = \frac{1}{17}\sum_{i=1}^{17} a_{ij}, s_j = \sqrt{\frac{1}{16}\sum_{i=1}^{17}(a_{ij} - \mu_j)^2}$ $(j = 1,2,\cdots,5)$，即 μ_j、s_j 为第 j 个指标的样本均值和样本标准差。对应地，称

$$\tilde{x}_j = \frac{x_j - \mu_j}{s_j}, j = 1,2,\cdots,5$$

为标准化指标变量。

（2）计算相关系数矩阵 $\boldsymbol{R}$。相关系数矩阵

$$\boldsymbol{R} = (r_{ij})_{5\times 5},$$

$$r_{ij} = \frac{\sum_{k=1}^{17} \tilde{a}_{ki} \cdot \tilde{a}_{kj}}{17 - 1}, \ i,j = 1,2,\cdots,5.$$

式中：$r_{ii} = 1, r_{ij} = r_{ji}, r_{ij}$ 是第 i 个指标与第 j 个指标的相关系数。

（3）计算特征值和特征向量。计算相关系数矩阵 $\boldsymbol{R}$ 的特征值 $\lambda_1 \geq \lambda_2 \geq \cdots \geq \lambda_5 \geq 0$，及对应的标准化特征向量 $\boldsymbol{u}_1, \boldsymbol{u}_2, \cdots, \boldsymbol{u}_5$，其中 $\boldsymbol{u}_j = (u_{1j}, u_{2j}, \cdots, u_{5j})^{\mathrm{T}}$，由特征向量组成 5 个新的指标变量：

$$\begin{cases} y_1 = u_{11}\tilde{x}_1 + u_{21}\tilde{x}_2 + \cdots + u_{51}\tilde{x}_5, \\ y_2 = u_{12}\tilde{x}_1 + u_{22}\tilde{x}_2 + \cdots + u_{52}\tilde{x}_5, \\ \quad\quad\quad\quad\quad\quad \vdots \\ y_5 = u_{15}\tilde{x}_1 + u_{25}\tilde{x}_2 + \cdots + u_{55}\tilde{x}_5. \end{cases}$$

式中：y_1 是第 1 主成分；y_2 是第 2 主成分；$\cdots$；y_5 是第 5 主成分。

（4）选择 $p(p \leq 5)$ 个主成分，计算综合评价值。

① 计算特征值 $\lambda_j(j = 1,2,\cdots,5)$ 的信息贡献率和累积贡献率，称

$$b_j = \frac{\lambda_j}{\sum_{k=1}^{5}\lambda_k}, j = 1,2,\cdots,5$$

为主成分 y_j 的信息贡献率；

$$\alpha_p = \frac{\sum_{k=1}^{p}\lambda_k}{\sum_{k=1}^{5}\lambda_k}$$

为主成分 $y_1, y_2, \cdots, y_p$ 的累积贡献率，当 α_p 接近于 1（$\alpha_p = 0.85, 0.90, 0.95$）时，则选择前 p 个指标变量 $y_1, y_2, \cdots, y_p$ 作为 p 个主成分，代替原来 5 个指标变量，从而可对 p 个主成分进行综合分析。

② 计算综合得分：

$$Z = \sum_{j=1}^{p} b_j y_j.$$

式中:b_j为第j个主成分的信息贡献率,根据综合得分值就可进行评价。

利用 Matlab 软件求得相关系数矩阵的前 5 个特征根及其贡献率如表 10.3 所列。

表 10.3 主成分分析结果

序号	特征根	贡献率	累计贡献率
1	3.1343	62.6866	62.6866
2	1.1683	23.3670	86.0536
3	0.3502	7.0036	93.0572
4	0.2258	4.5162	97.5734
5	0.1213	2.4266	100.0000

可以看出,前三个特征根的累计贡献率就达到 93% 以上,主成分分析效果很好。下面选取前三个主成分进行综合评价。前三个特征根对应的特征向量如表 10.4 所列。

表 10.4 标准化变量的前 4 个主成分对应的特征向量

	$\tilde{x}_1$	$\tilde{x}_2$	$\tilde{x}_3$	$\tilde{x}_4$	$\tilde{x}_5$
第 1 特征向量	0.490542	0.525351	-0.48706	0.067054	-0.49158
第 2 特征向量	-0.29344	0.048988	-0.2812	0.898117	0.160648
第 3 特征向量	0.510897	0.43366	0.371351	0.147658	0.625475

由此可得三个主成分分别为

$$y_1 = 0.491\tilde{x}_1 + 0.525\tilde{x}_2 - 0.487\tilde{x}_3 + 0.067\tilde{x}_5 - 0.492\tilde{x}_5,$$
$$y_2 = -0.293\tilde{x}_1 + 0.049\tilde{x}_2 - 0.281\tilde{x}_3 + 0.898\tilde{x}_4 + 0.161\tilde{x}_5,$$
$$y_3 = 0.511\tilde{x}_1 + 0.434\tilde{x}_2 + 0.371\tilde{x}_3 + 0.148\tilde{x}_4 + 0.625\tilde{x}_5.$$

分别以三个主成分的贡献率为权重,构建主成分综合评价模型为

$$Z = 0.6269y_1 + 0.2337y_2 + 0.076y_3.$$

把各年度的三个主成分值代入上式,可以得到各年度的综合评价值以及排序结果如表 10.5 所列。

表 10.5 排名和综合评价结果

年代	1993	1992	1991	1994	1987	1990	1984	2000	1995
名次	1	2	3	4	5	6	7	8	9
综合评价值	2.4464	1.9768	1.1123	0.8604	0.8456	0.2258	0.0531	0.0531	-0.2534
年代	1988	1985	1996	1986	1989	1997	1999	1998	
名次	10	11	12	13	14	15	16	17	
综合评价值	0.2662	0.5292	0.7405	0.7789	0.9715	1.1476	-1.2015	-1.6848	

计算的 Matlab 程序如下:

```
clc,clear
gj=load('data102.txt') % 把原始数据保存在纯文本文件 data102.txt 中
gj=zscore(gj); % 数据标准化
r=corrcoef(gj); % 计算相关系数矩阵
```

```
% 下面利用相关系数矩阵进行主成分分析,x 的列为 r 的特征向量,即主成分的系数
[x,y,z] = pcacov(r) % y 为 r 的特征值,z 为各个主成分的贡献率
f = repmat(sign(sum(x)),size(x,1),1); % 构造与 x 同维数的元素为 ±1 的矩阵
x = x.*f % 修改特征向量的正负号,每个特征向量乘以所有分量和的符号函数值
num = 3; % num 为选取的主成分的个数
df = gj * x(:,1:num); % 计算各个主成分的得分
tf = df * z(1:num)/100; % 计算综合得分
[stf,ind] = sort(tf,'descend'); % 把得分按照从高到低的次序排列
stf = stf', ind = ind'
```

10.3 表10.6资料为25名健康人的7项生化检验结果,7项生化检验指标依次命名为 $x_1, x_2, \cdots, x_7$,请对该资料进行因子分析。

表10.6 检验数据

x_1	x_2	x_3	x_4	x_5	x_6	x_7
3.76	3.66	0.54	5.28	9.77	13.74	4.78
8.59	4.99	1.34	10.02	7.5	10.16	2.13
6.22	6.14	4.52	9.84	2.17	2.73	1.09
7.57	7.28	7.07	12.66	1.79	2.1	0.82
9.03	7.08	2.59	11.76	4.54	6.22	1.28
5.51	3.98	1.3	6.92	5.33	7.3	2.4
3.27	0.62	0.44	3.36	7.63	8.84	8.39
8.74	7	3.31	11.68	3.53	4.76	1.12
9.64	9.49	1.03	13.57	13.13	18.52	2.35
9.73	1.33	1	9.87	9.87	11.06	3.7
8.59	2.98	1.17	9.17	7.85	9.91	2.62
7.12	5.49	3.68	9.72	2.64	3.43	1.19
4.69	3.01	2.17	5.98	2.76	3.55	2.01
5.51	1.34	1.27	5.81	4.57	5.38	3.43
1.66	1.61	1.57	2.8	1.78	2.09	3.72
5.9	5.76	1.55	8.84	5.4	7.5	1.97
9.84	9.27	1.51	13.6	9.02	12.67	1.75
8.39	4.92	2.54	10.05	3.96	5.24	1.43
4.94	4.38	1.03	6.68	6.49	9.06	2.81
7.23	2.3	1.77	7.79	4.39	5.37	2.27
9.46	7.31	1.04	12	11.58	16.18	2.42
9.55	5.35	4.25	11.74	2.77	3.51	1.05
4.94	4.52	4.5	8.07	1.79	2.1	1.29
8.21	3.08	2.42	9.1	3.75	4.66	1.72
9.41	6.44	5.11	12.5	2.45	3.1	0.91

111

解 因子分析的步骤如下。

(1) 对原始数据进行标准化处理。进行因子分析的指标变量有 7 个,分别为 $x_1,\cdots,x_7$,共有 25 个评价对象,第 i 个评价对象的第 j 个指标的取值为 $a_{ij}(i=1,2,\cdots,25,j=1,\cdots,7)$。将各指标值 a_{ij} 转换成标准化指标 $\tilde{a}_{ij}$,即

$$\tilde{a}_{ij} = \frac{a_{ij} - \mu_j}{s_j}, i=1,2,\cdots,25; j=1,\cdots,7.$$

式中:$\mu_j = \frac{1}{25}\sum_{i=1}^{25} a_{ij}, s_j = \sqrt{\frac{1}{25-1}\sum_{i=1}^{25}(a_{ij}-\mu_j)^2}$,即 μ_j、s_j 为第 j 个指标的样本均值和样本标准差。对应地,称

$$\tilde{x}_j = \frac{x_j - \mu_j}{s_j}, j=1,\cdots,7$$

为标准化指标变量。

(2) 计算相关系数矩阵 $\boldsymbol{R}$。相关系数矩阵为

$$\boldsymbol{R} = (r_{ij})_{7\times7},$$

$$r_{ij} = \frac{\sum_{k=1}^{25} \tilde{a}_{ki}\cdot\tilde{a}_{kj}}{25-1}, i,j=1,\cdots,7.$$

式中:$r_{ii}=1, r_{ij}=r_{ji}, r_{ij}$ 是第 i 个指标与第 j 个指标的相关系数。

(3) 计算初等载荷矩阵。计算相关系数矩阵 $\boldsymbol{R}$ 的特征值 $\lambda_1\geq\cdots\geq\lambda_7\geq0$,及对应的特征向量 $\boldsymbol{u}_1,\cdots,\boldsymbol{u}_7$,其中 $\boldsymbol{u}_j=[u_{1j},\cdots,u_{7j}]^T$,初等载荷矩阵为

$$\boldsymbol{\Lambda}_1 = [\sqrt{\lambda_1}\boldsymbol{u}_1,\sqrt{\lambda_2}\boldsymbol{u}_2,\cdots,\sqrt{\lambda_7}\boldsymbol{u}_7].$$

计算得到特征根与各因子的贡献如表 10.7 所列。

表 10.7 特征根及各因子的贡献

特征值	34.496	18.983	2.5306	0.7988	0.3413	0.0379	0.0042
贡献率	60.316	33.192	4.4248	1.3968	0.5968	0.0663	0.0074
累积贡献率	60.316	93.508	97.933	99.329	99.926	99.993	100

(4) 选择 $m(m\leq4)$ 个主因子。根据各个公共因子的贡献率,选择 3 个主因子。对提取的因子载荷矩阵进行旋转,得到矩阵 $\boldsymbol{\Lambda}_2 = \boldsymbol{\Lambda}_1^{(3)}\boldsymbol{T}$(其中 $\boldsymbol{\Lambda}_1^{(3)}$ 为 $\boldsymbol{\Lambda}_1$ 的前 3 列,$\boldsymbol{T}$ 为正交矩阵),构造因子模型

$$\begin{cases} \tilde{x}_1 = \alpha_{11}\tilde{F}_1 + \alpha_{12}\tilde{F}_2 + \alpha_{13}\tilde{F}_3, \\ \quad\quad\quad\vdots \\ \tilde{x}_7 = \alpha_{71}\tilde{F}_1 + \alpha_{72}\tilde{F}_2 + \alpha_{73}\tilde{F}_3. \end{cases}$$

求得的因子载荷等估计如表 10.8 所列。

表 10.8　因子分析表

变量	旋转因子载荷估计			旋转后得分函数			共同度
	$\tilde{F}_1$	$\tilde{F}_2$	$\tilde{F}_3$	因子 1	因子 2	因子 3	
1	0.9642	0.1354	0.211	0.8561	0.0129	-0.611	0.9925
2	0.3858	0.0643	0.9117	-0.463	0.0971	0.9792	0.9843
3	0.2303	-0.817	0.3858	-0.071	-0.262	0.259	0.8692
4	0.8102	0.0024	0.5737	0.3406	0.0137	0.0602	0.9856
5	0.1466	0.9785	0.0673	0.0386	0.3454	0.0615	0.9836
6	0.1283	0.97	0.177	-0.088	0.3552	0.2405	0.9888
7	-0.554	0.5444	-0.481	-0.179	0.1748	-0.114	0.8341
可解释方差	0.3046	0.4121	0.2316				

通过表 10.8 可以看出,得到了 3 个因子,第一个因子是 x_1 因子,第二个因子是 x_5 因子,第 3 个因子是 x_2 因子。

计算的 Matlab 程序如下:

```
clc,clear
dd = load('data106.txt')    % 把原始数据保存在纯文本文件 data106.txt 中
sy = zscore(dd); % 数据标准化
r = corrcoef(sy);   % 求相关系数矩阵
[vec1,val,con] = pcacov(r)  % 进行主成分分析的相关计算
f1 = repmat(sign(sum(vec1)),size(vec1,1),1);
vec2 = vec1.*f1;     % 特征向量正负号转换
f2 = repmat(sqrt(val)',size(vec2,1),1);
a = vec2.*f2     % 求初等载荷矩阵
num = input('请选择主因子的个数:');   % 交互式选择主因子的个数
am = a(:,[1:num]);   % 提出 num 个主因子的载荷矩阵
[b,t] = rotatefactors(am,'method', 'varimax')  % 旋转变换,b 为旋转后的载荷
bt = [b,a(:,[num+1:end])];    % 旋转后全部因子的载荷矩阵
degree = sum(b.^2,2)    % 计算共同度
contr = sum(bt.^2)    % 计算因子贡献
rate = contr(1:num)/sum(contr)  % 计算因子贡献率
coef = inv(r)*b         % 计算得分函数的系数
```

10.4 为了了解家庭的特征与其消费模式之间的关系。调查了 70 个家庭的下面两组变量:

$$\begin{cases} x_1:每年去餐馆就餐的频率, \\ x_2:每年外出看电影频率, \end{cases} \begin{cases} y_1:户主的年龄, \\ y_2:家庭的年收入, \\ y_3:户主受教育程度, \end{cases}$$

已知相关系数矩阵如表 10.9 所列,试对两组变量之间的相关性进行典型相关分析。

表 10.9　相关系数矩阵

	x_1	x_2	y_1	y_2	y_3
x_1	1	0.8	0.26	0.67	0.34
x_2	0.8	1	0.33	0.59	0.34
y_1	0.26	0.33	1	0.37	0.21
y_2	0.67	0.59	0.37	1	0.35
y_3	0.34	0.34	0.21	0.35	1

解　计算得到 X 组的典型变量为

$$u_1 = 0.7689x_1 + 0.2721x_2,$$
$$u_2 = -1.4787x_1 + 1.6443x_2.$$

原始变量与 X 组典型变量之间的相关系数如表 10.10 所列，原始变量与 Y 组典型变量之间的相关系数如表 10.11 所列，两组典型变量之间的典型相关系数如表 10.12 所列。

表 10.10　原始变量与 X 组典型变量之间的相关系数

	x_1	x_2	y_1	y_2	y_3
u_1	0.986586	0.887215	0.289705	0.675704	0.35394
u_2	-0.16324	0.461356	0.158162	-0.02058	0.05631

表 10.11　原始变量与 Y 组典型变量之间的相关系数

	x_1	x_2	y_1	y_2	y_3
v_1	0.67872	0.610358	0.421115	0.982203	0.514487
v_2	-0.0305	0.086212	0.846397	-0.11014	0.301341

表 10.12　两组典型变量之间的典型相关系数

1	2
0.6879	0.1869

可以看出，所有两个表示外出活动特性的变量与 u_1 有大致相同的相关系数，u_1 视为形容外出活动特性的指标，第一对典型变量的第二个成员 v_1 与 y_2 有较大的相关系数，说明 v_1 主要代表了家庭的年收入。u_1 和 v_1 之间的相关系数为 0.6879。

u_1 和 v_1 解释的本组原始变量的比率分别为 0.8803 和 0.4689，X 组的原始变量被 u_1 和 u_2 解释了 100%，Y 组的原始变量被 v_1 和 v_2 解释了为 74.2%。

计算的 Matlab 程序如下：

```
clc,clear
r = load('data109.txt');   % 原始的相关系数矩阵保存在纯文本文件 data109.txt 中
n1 = 2; n2 = 3; num = min(n1,n2);
s1 = r([1:n1],[1:n1]);   % 提出 X 与 X 的相关系数
s12 = r([1:n1],[n1+1:end]); % 提出 X 与 Y 的相关系数
s21 = s12';   % 提出 Y 与 X 的相关系数
```

```matlab
    s2 = r([n1 +1:end],[n1 +1:end]); % 提出 Y 与 Y 的相关系数
    m1 = inv(s1) * s12 * inv(s2) * s21; % 计算矩阵 M1,式(10.60)
    m2 = inv(s2) * s21 * inv(s1) * s12; % 计算矩阵 M2,式(10.60)
    [vec1,val1] = eig(m1); % 求 M1 的特征向量和特征值
    for i = 1:n1
        vec1(:,i) = vec1(:,i)/sqrt(vec1(:,i)' * s1 * vec1(:,i)); % 特征向量归一化,满足 a's1a = 1
        vec1(:,i) = vec1(:,i)/sign(sum(vec1(:,i))); % 特征向量乘±1,保证所有分量和为正
    end
    val1 = sqrt(diag(val1));     % 计算特征值的平方根
    [val1,ind1] = sort(val1,'descend');   % 按照从大到小排列
    a = vec1(:,ind1(1:num))    % 取出 X 组的系数阵
    dcoef1 = val1(1:num)    % 提出典型相关系数
    flag =1; % 把计算结果写到 Excel 中的行计数变量
    xlswrite('bk.xls',a,'Sheet1','A1')   % 把计算结果写到 Excel 文件中去
    flag = n1 +2; str = char(['A',int2str(flag)]); % str 为 Excel 中写数据的起始位置
    xlswrite('bk.xls',dcoef1,'Sheet1',str)
    [vec2,val2] = eig(m2);
    for i = 1:n2
        vec2(:,i) = vec2(:,i)/sqrt(vec2(:,i)' * s2 * vec2(:,i)); % 特征向量归一化,满足 b's2b = 1
        vec2(:,i) = vec2(:,i)/sign(sum(vec2(:,i))); % 特征向量乘±1,保证所有分量和为正
    end
    val2 = sqrt(diag(val2));     % 计算特征值的平方根
    [val2,ind2] = sort(val2,'descend');   % 按照从大到小排列
    b = vec2(:,ind2(1:num))    % 取出 Y 组的系数阵
    dcoef2 = val2(1:num)    % 提出典型相关系数
    flag = flag +2; str = char(['A',int2str(flag)]); % str 为 Excel 中写数据的起始位置
    xlswrite('bk.xls',b,'Sheet1',str)
    flag = flag +n2 +1; str = char(['A',int2str(flag)]); % str 为 Excel 中写数据的起始位置
    xlswrite('bk.xls',dcoef2,'Sheet1',str)
    x _ u _ r = s1 * a    % x,u 的相关系数
    y _ v _ r = s2 * b    % y,v 的相关系数
    x _ v _ r = s12 * b   % x,v 的相关系数
    y _ u _ r = s21 * a   % y,u 的相关系数
    flag = flag +2; str = char(['A',int2str(flag)]);
    xlswrite('bk.xls',x _ u _ r,'Sheet1',str)
    flag = flag +n1 +1; str = char(['A',int2str(flag)]);
    xlswrite('bk.xls',y _ v _ r,'Sheet1',str)
    flag = flag +n2 +1; str = char(['A',int2str(flag)]);
```

```
xlswrite('bk.xls',x_v_r,'Sheet1',str)
flag = flag + n1 +1; str = char(['A',int2str(flag)]);
xlswrite('bk.xls',y_u_r,'Sheet1',str)
mu = sum(x_u_r.^2)/n1     % x 组原始变量被 u_i 解释的方差比例
mv = sum(x_v_r.^2)/n1     % x 组原始变量被 v_i 解释的方差比例
nu = sum(y_u_r.^2)/n2     % y 组原始变量被 u_i 解释的方差比例
nv = sum(y_v_r.^2)/n2     % y 组原始变量被 v_i 解释的方差比例
fprintf('X 组的原始变量被 u1 ~ u%d 解释的比例为 %f\n',num,sum(mu));
fprintf('Y 组的原始变量被 v1 ~ v%d 解释的比例为 %f\n',num,sum(nv));
```

10.5 近年来我国淡水湖水质富营养化的污染日趋严重,如何对湖泊水质的富营养化进行综合评价与治理是摆在我们面前的一项重要任务。表 10.13 和表 10.14 分别为我国 5 个湖泊的实测数据和湖泊水质评价标准。

表 10.13　全国 5 个主要湖泊评价参数的实测数据

	总磷/(mg/L)	耗氧量/(mg/L)	透明度/L	总氮/(mg/L)
杭州西湖	130	10.3	0.35	2.76
武汉东湖	105	10.7	0.4	2.0
青海湖	20	1.4	4.5	0.22
巢湖	30	6.26	0.25	1.67
滇池	20	10.13	0.5	0.23

表 10.14　湖泊水质评价标准

评价参数	极贫营养	贫营养	中营养	富营养	极富营养
总磷	<1	4	23	110	>660
耗氧量	<0.09	0.36	1.8	7.1	>27.1
透明度	>37	12	2.4	0.55	<0.17
总氮	<0.02	0.06	0.31	1.2	>4.6

(1) 试利用以上数据,分析总磷、耗氧量、透明度和总氮这 4 种指标对湖泊水质富营养化所起作用;

(2) 对上述 5 个湖泊的水质进行综合评估,确定水质等级。

解　在进行综合评价之前,首先要对评价的指标进行分析。通常的评价指标分为效益型、成本型和固定型指标。效益型指标是指那些数值越大影响力越大的统计指标(也称为正向型指标);成本型指标是指数值越小越好的指标(亦称为逆向型指标);而固定型指标是指数值越接近某个常数越好的指标(又称为适度型指标)。如果各评价指标的属性不一致,则在进行综合评估时容易发生偏差,必须先对各评价指标统一属性。

(1) 建立无量纲化实测数据矩阵和评价标准矩阵。根据表 10.13 和表 10.14,得到实测数据矩阵 $A = (a_{ij})_{5 \times 4}$ 和等级标准矩阵 $B = (b_{kt})_{4 \times 5}$。然后建立无量纲化实测数据矩阵 $C = (c_{ij})_{5 \times 4}$ 和无量纲化等级标准矩阵 $D = (d_{kt})_{4 \times 5}$。其中

$$c_{ij} = \begin{cases} \dfrac{a_{ij}}{\max\limits_i a_{ij}}, j \neq 3, \\ \dfrac{\min\limits_i a_{ij}}{a_{ij}}, j = 3, \end{cases} \quad d_{kt} = \begin{cases} \dfrac{b_{kt}}{\max\limits_t b_{kt}}, k \neq 3, \\ \dfrac{\min\limits_t b_{kt}}{b_{kt}}, k = 3. \end{cases}$$

利用 Matlab,得

$$C = \begin{bmatrix} 1.0000 & 0.9626 & 0.7143 & 1.0000 \\ 0.8077 & 1.0000 & 0.6250 & 0.7246 \\ 0.1538 & 0.1308 & 0.0556 & 0.0797 \\ 0.2308 & 0.5850 & 1.0000 & 0.6051 \\ 0.1538 & 0.9467 & 0.5000 & 0.0833 \end{bmatrix},$$

$$D = \begin{bmatrix} 0.0015 & 0.0061 & 0.0348 & 0.1667 & 1.0000 \\ 0.0033 & 0.0133 & 0.0664 & 0.2620 & 1.0000 \\ 0.0046 & 0.0142 & 0.0708 & 0.3091 & 1.0000 \\ 0.0043 & 0.0130 & 0.0674 & 0.2609 & 1.0000 \end{bmatrix}.$$

(2) 计算各评价指标的权重。首先计算矩阵 D 的各行向量的均值与标准差,即

$$\mu_k = \frac{1}{5}\sum_{t=1}^{5} d_{kt}, \quad s_k = \sqrt{\frac{\sum_{t=1}^{5}(d_{kt}-\mu_k)^2}{4}}, \quad k = 1,2,3,4,$$

然后计算变异系数

$$w_k = \frac{s_k}{\mu_k}, k = 1,2,3,4,$$

最后对变异系数归一化得到各指标的权向量为

$$w = \begin{bmatrix} 0.277 & 0.2447 & 0.2347 & 0.2442 \end{bmatrix}.$$

根据权重的大小,即可说明总磷、耗氧量、透明度和总氮4种指标对湖泊水质富营养化所起作用。由上可知,各指标的作用很接近,比较而言总磷所起作用最大,耗氧量、总氮次之,透明度的作用最小。

(3) 建立各湖泊水质的综合评价模型。通常可以利用向量之间的距离来衡量两个向量之间的接近程度。

下面利用欧几里得距离和绝对值距离进行建模。

计算 C 中各行向量到 D 中各列向量的欧几里得距离

$$x_{ij} = \sqrt{\sum_{k=1}^{4}(c_{ik}-d_{kj})^2}, \quad i = 1,2,3,4,5; \quad j = 1,2,3,4,5.$$

若 $x_{ik} = \min\limits_{1 \leq j \leq 5}\{x_{ij}\}$,则第 i 个湖泊属于第 k 级($i=1,2,3,4,5$)。

计算 C 中各行向量到 B 中各列向量的绝对值距离:

$$y_{ij} = \sum_{k=1}^{4}|c_{ik}-d_{kj}|, i = 1,2,3,4,5; \quad j = 1,2,3,4,5.$$

若 $y_{ik} = \min\limits_{1 \leq j \leq 5} \{y_{ij}\}$,则第 i 个湖泊属于第 k 级($i = 1,2,3,4,5$)。计算结果如表 10.15 和表 10.16 所列。

表 10.15 欧几里得距离判别表

	x_{i1}	x_{i2}	x_{i3}	x_{i4}	x_{i5}	级别
杭州西湖	1.8472	1.8312	1.7374	1.3769	0.2881	5
武汉东湖	1.5959	1.5798	1.4859	1.1271	0.5034	5
青海湖	0.2185	0.2045	0.1367	0.3383	1.7917	3
巢湖	1.3201	1.3038	1.2082	0.8392	0.9591	4
滇池	1.0793	1.0650	0.9867	0.7328	1.3450	4

表 10.16 绝对值距离判别表

	y_{i1}	y_{i2}	y_{i3}	y_{i4}	y_{i5}	级别
杭州西湖	3.6631	3.6303	3.4374	2.6783	0.3231	5
武汉东湖	3.1436	3.1108	2.9178	2.1587	0.8427	5
青海湖	0.4062	0.3734	0.2110	0.5787	3.5800	3
巢湖	2.4071	2.3743	2.1814	1.4223	1.5791	4
滇池	1.6701	1.6374	1.4444	1.0660	2.3161	4

从上面的计算可知,尽管欧几里得距离与绝对值距离意义不同,但是对各湖泊水质的富营养化的评价等级是一样的,表明此处给出的方法具有稳定性。

计算的 MATLAB 程序如下:

```
clc,clear
a=[130,10.3,0.35,2.76;105,10.7,0.4,2.0;20,1.4,4.5,0.22;
30,6.26,0.25,1.67;20,10.13,0.5,0.23];
b=[1,4,23,110,660;0.09,0.36,1.8,7.1,27.1;
37,12,2.4,0.55,0.17;0.02,0.06,0.31,1.2,4.6];
c=a./repmat(max(a),size(a,1),1);
c(:,3)=min(a(:,3))./a(:,3)
d=b./repmat(max(b,[],2),1,size(b,2));
d(3,:)=min(b(3,:))./b(3,:)
mu=mean(b');
sigma=std(b');
w=sigma./mu;
w=w/sum(w)
x=dist(c,d)
y=mandist(c,d)
```

注:(1)MATLAB 中计算向量间的距离函数有以下几个命令:

dist(w,p):计算 w 中的每个行向量与 p 中每个列向量之间的欧几里得距离。

mandist(w,p):计算 w 中的每个行向量与 p 中每个列向量之间的绝对值距离。

(2) 本题还可以使用主成分分析等评价方法进行评价。

10.6 表 10.17 是我国 16 个地区农民 1982 年支出情况的抽样调查的汇总资料,每个地区都调查了反映每人平均生活消费支出情况的 6 个指标:食品(x_1),衣着(x_2),燃料(x_3),住房(x_4),生活用品及其他(x_5),文化生活服务支出(x_6)。

表 10.17　16 个地区农民生活水平的调查数据(单位:元)

地区	x_1	x_2	x_3	x_4	x_5	x_6
北京	190.33	43.77	9.73	60.54	49.01	9.04
天津	135.20	36.40	10.47	44.16	36.49	3.94
河北	95.21	22.83	9.30	22.44	22.81	2.80
山西	104.78	25.11	6.40	9.89	18.17	3.25
内蒙古	128.41	27.63	8.94	12.58	23.99	3.27
辽宁	145.68	32.83	17.79	27.29	39.09	3.47
吉林	159.37	33.38	18.37	11.81	25.29	5.22
黑龙江	116.22	29.57	13.24	13.76	21.75	6.04
上海	221.11	38.64	12.53	115.65	50.82	5.89
江苏	144.98	29.12	11.67	42.60	27.30	5.74
浙江	169.92	32.75	12.72	47.12	34.35	5.00
安徽	153.11	23.09	15.62	23.54	18.18	6.39
福建	144.92	21.26	16.96	19.52	21.75	6.73
江西	140.54	21.50	17.64	19.19	15.97	4.94
山东	115.84	30.26	12.20	33.61	33.77	3.85
河南	101.18	23.26	8.46	20.20	20.50	4.30

(1) 试用对应分析方法对所考察的 6 项指标和 16 个地区进行分类。

(2) 用 R 型因子分析方法(参数估计方法用主成分法)分析该组数据;并与(1)的结果比较之。

(3) 用聚类分析方法分析该组数据;与(1),(2)的结果比较之。

解 指标变量有 6 个,分别为 $x_j(j=1,\cdots,6)$,地区有 16 个,分别用 $i=1,\cdots,16$ 表示,以 a_{ij} 表示第 i 个地区第 j 个指标变量 x_j 的取值,记 $\boldsymbol{A}=(a_{ij})_{16\times6}$。

(1) 对应分析。

① 数学原理。记

$$a_{i\cdot}=\sum_{j=1}^{6}a_{ij}, \quad a_{\cdot j}=\sum_{i=1}^{16}a_{ij}.$$

首先把数据阵 $\boldsymbol{A}$ 化为规格化的"概率"矩阵 $\boldsymbol{P}$,记 $\boldsymbol{P}=(p_{ij})_{16\times6}$,其中 $p_{ij}=a_{ij}/T$, $T=\sum_{i=1}^{16}\sum_{j=1}^{6}a_{ij}$。再对数据进行对应变换,令 $\boldsymbol{B}=(b_{ij})_{16\times6}$,其中

$$b_{ij}=\frac{p_{ij}-p_{i\cdot}p_{\cdot j}}{\sqrt{p_{i\cdot}p_{\cdot j}}}=\frac{a_{ij}-a_{i\cdot}a_{\cdot j}/T}{\sqrt{a_{i\cdot}a_{\cdot j}}}, \quad i=1,2,\cdots,16, \quad j=1,2,\cdots,6.$$

对 B 进行奇异值分解,$B = U\Lambda V^T$,其中 U 为 16×16 正交矩阵,V 为 6×6 正交矩阵,$\Lambda = \begin{bmatrix} \Lambda_m & 0 \\ 0 & 0 \end{bmatrix}$,这里 $\Lambda_m = \text{diag}(d_1, \cdots, d_m)$,其中 $d_i(i=1,2,\cdots,m)$ 为 B 的奇异值。

记 $U = [U_1 \vdots U_2], V = [V_1 \vdots V_2]$,其中 U_1 为 $16 \times m$ 的列正交矩阵,V_1 为 $6 \times m$ 的列正交矩阵,则 B 的奇异值分解式等价于 $B = U_1 \Lambda_m V_1^T$。

记 $D_r = \text{diag}(p_1., p_2., \cdots, p_{16}.)$,$D_c = \text{diag}(p_{.1}, p_{.2}, \cdots, p_{.6})$,其中 $p_{i.} = \sum_{j=1}^{6} p_{ij}$,$p_{.j} = \sum_{i=1}^{16} p_{ij}$。则列轮廓的坐标为 $F = D_c^{-1/2} V_1 \Lambda_m$,行轮廓的坐标为 $G = D_r^{-1/2} U_1 \Lambda_m$。最后通过贡献率的比较确定需截取的维数,形成对应分析图。

② 计算惯量,确定维数。惯量(inertia)实际上就是 $B^T B$ 的特征值,表示相应维数对各类别的解释量,最大维数 $m = \min\{16-1, 6-1\}$,本例最多可以产生 5 个维数。从计算结果表 10.18 可以看出,第一维数的解释量达 77.4%,前两个维数的解释度已达 92.1%。

表 10.18 各维数的惯量、奇异值、贡献率

维数	奇异值	惯量	贡献率	累积贡献率
1	0.189893	0.036059	0.773764	0.773764
2	0.082831	0.006861	0.147224	0.920988
3	0.047138	0.002222	0.047681	0.968669
4	0.03113	0.000969	0.020795	0.989464
5	0.022159	0.000491	0.010536	1

选取几个维数对结果进行分析,需结合实际情况,一般解释量累积达 85% 以上即可获得较好的分析效果,故本例取两个维数即可。

③ 计算行坐标和列坐标。行坐标和列坐标的计算结果如表 10.19 和表 10.20 所列。

表 10.19 行坐标

	北京	天津	河北	山西	内蒙古	辽宁
第一维	0.140779	0.129933	0.003785	-0.19433	-0.18552	-0.06716
第二维	0.059909	0.093387	0.06273	0.081709	0.067604	0.084882
	吉林	黑龙江	上海	江苏	浙江	安徽
第一维	-0.27126	-0.19757	0.386809	0.086955	0.079122	-0.14212
第二维	-0.00074	0.045985	-0.07833	-0.04222	-0.01969	-0.14225
	福建	江西	山东	河南		
第一维	-0.17469	-0.18859	0.069823	-0.0462		
第二维	-0.11317	-0.1527	0.100318	0.032858		

表 10.20　列坐标

	x_1	x_2	x_3	x_4	x_5	x_6
第一维	−0.07905	−0.06783	−0.26354	0.457766	0.07715	−0.13567
第二维	−0.0354	0.138818	−0.10045	−0.05715	0.156316	−0.08455

在图 10.2 中,给出 16 个地区和 6 个指标在相同坐标系上绘制的散布图。从图中可以看出,地区和指标点可以分为两类,第一类包括指标点 x_4、x_5,地区点为北京、天津、河北、上海、江苏、浙江、山东;第二类包括指标点 x_1、x_2、x_3、x_6,地区点为其余地区。

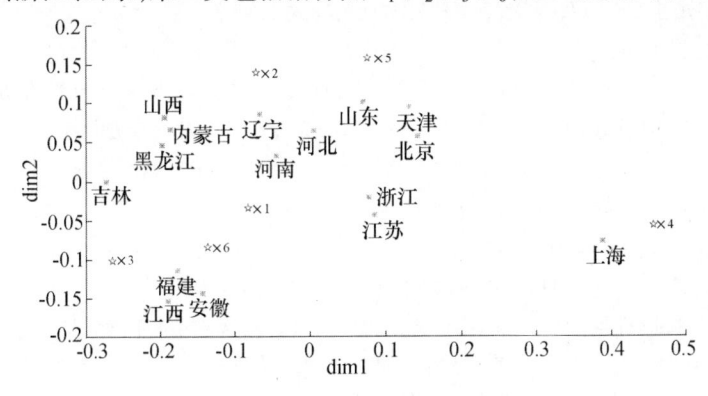

图 10.2　行点和列点的散布图

第一类地区北京、天津、河北、上海、江苏、浙江、山东,它们位于我国的东部经济发达地区,说明这些地区的消费支出结构相似。

计算的 Matlab 程序如下:

```
clc, clear
a = load('data1017.txt');
T = sum(sum(a));
P = a/T;    % 计算对应矩阵 P
r = sum(P,2), c = sum(P)    % 计算边缘分布
Row_prifile = a./repmat(sum(a,2),1,size(a,2))    % 计算行轮廓分布阵
B = (P-r*c)./sqrt((r*c));    % 计算标准化数据 B
[u,s,v] = svd(B,'econ')    % 对标准化后的数据阵 B 作奇异值分解
w1 = sign(repmat(sum(v),size(v,1),1))    % 修改特征向量的符号矩阵,使得 v 中的每一个列向量的分量和大于 0
w2 = sign(repmat(sum(v),size(u,1),1))    % 根据 v 对应地修改 u 的符号
vb = v.*w1    % 修改特征向量的正负号
ub = u.*w2    % 修改特征向量的正负号,本例中样本点个数和变量个数不等
lamda = diag(s).^2    % 计算 Z'*Z 的特征值,即计算主惯量
ksi2square = T*(lamda)    % 计算卡方统计量的分解
T_ksi2square = sum(ksi2square)    % 计算总卡方统计量
con_rate = lamda/sum(lamda)    % 计算贡献率
cum_rate = cumsum(con_rate)    % 计算累积贡献率
beta = diag(r.^(-1/2))*ub;    % 求加权特征向量
```

121

```
G = beta * s    % 求行轮廓坐标
alpha = diag(c.^( -1/2)) * vb;   % 求加权特征向量
F = alpha * s   % 求列轮廓坐标 F
num1 = size(G,1);   % 样本点的个数
rang = minmax(G(:,[1,2])');   % 坐标的取值范围
delta = (rang(:,2) - rang(:,1))/(5 * num1);   % 画图的标注位置调整量
ch = {'x1','x2','x3','x4','x5','x6'};
yb = {'北京','天津','河北','山西','内蒙古','辽宁','吉林','黑龙江',...
    '上海','江苏','浙江','安徽','福建','江西','山东','河南'};
hold on
plot(G(:,1),G(:,2),'*','Color','k','LineWidth',1.3)   % 画行点散布图
text(G(:,1) - delta(1),G(:,2) - 3 * delta(2),yb)   % 对行点进行标注
plot(F(:,1),F(:,2),'H','Color','k','LineWidth',1.3)   % 画列点散布图
text(F(:,1) + delta(1),F(:,2),ch)   % 对列点进行标注
xlabel('dim1'), ylabel('dim2')
xlswrite('tt',[diag(s),lamda,con_rate,cum_rate])
% 把计算结果输出到 Excel 文件,这样便于把数据直接贴到 word 中的表格
ind1 = find(G(:,1) > 0);   % 根据行坐标第一维进行分类
rowclass = yb(ind1)    % 提出第一类样本点
ind2 = find(F(:,1) > 0);   % 根据列坐标第一维进行分类
colclass = ch(ind2)    % 提出第一类变量
```

(2) R 型因子分析。

① 对原始数据进行标准化处理。将各指标值 a_{ij} 转换成标准化指标 $\tilde{a}_{ij}$,即

$$\tilde{a}_{ij} = \frac{a_{ij} - \mu_j}{s_j}, i = 1,2,\cdots,16; j = 1,\cdots,6.$$

式中:$\mu_j = \frac{1}{16}\sum_{i=1}^{16} a_{ij}, s_j = \sqrt{\frac{1}{16-1}\sum_{i=1}^{16}(a_{ij} - \mu_j)^2}$,即 μ_j、s_j 为第 j 个指标的样本均值和样本标准差。对应地,称

$$\tilde{x}_j = \frac{x_j - \mu_j}{s_j}, j = 1,\cdots,6$$

为标准化指标变量。

② 计算相关系数矩阵 $\boldsymbol{R}$。相关系数矩阵为

$$\boldsymbol{R} = (r_{ij})_{6\times 6},$$

$$r_{ij} = \frac{\sum_{k=1}^{16}\tilde{a}_{ki}\cdot\tilde{a}_{kj}}{16-1}, i,j = 1,\cdots,6.$$

式中:$r_{ii} = 1, r_{ij} = r_{ji}, r_{ij}$ 是第 i 个指标与第 j 个指标的相关系数。

③ 计算初等载荷矩阵。计算相关系数矩阵 $\boldsymbol{R}$ 的特征值 $\lambda_1 \geq \cdots \geq \lambda_6 \geq 0$,及对应的特征向量 $\boldsymbol{u}_1,\cdots,\boldsymbol{u}_6$,其中 $\boldsymbol{u}_j = [u_{1j},\cdots,u_{6j}]^T$,初等载荷矩阵

$$\boldsymbol{\Lambda}_1 = [\sqrt{\lambda_1}\boldsymbol{u}_1, \sqrt{\lambda_2}\boldsymbol{u}_2, \cdots, \sqrt{\lambda_6}\boldsymbol{u}_6].$$

计算得到特征根与各因子的贡献如表 10.21 所列。

表 10.21 特征根及各因子的贡献

特征值	3.55842	1.316252	0.608239	0.373383	0.107178	0.036527
贡献率	59.30701	21.93754	10.13732	6.223052	1.786295	0.608786
累积贡献率	59.30701	81.24454	91.38187	97.60492	99.39121	100

④ 选择 $m(m \leqslant 6)$ 个主因子。根据各个公共因子的贡献率,选择 3 个主因子。对提取的因子载荷矩阵进行旋转,得到矩阵 $\boldsymbol{\Lambda}_2 = \boldsymbol{\Lambda}_1^{(3)}\boldsymbol{T}$(其中 $\boldsymbol{\Lambda}_1^{(3)}$ 为 $\boldsymbol{\Lambda}_1$ 的前 3 列,$\boldsymbol{T}$ 为正交矩阵),构造因子模型:

$$\begin{cases} \tilde{x}_1 = \alpha_{11}\tilde{F}_1 + \alpha_{12}\tilde{F}_2 + \alpha_{13}\tilde{F}_3, \\ \quad\quad\quad\quad \vdots \\ \tilde{x}_7 = \alpha_{71}\tilde{F}_1 + \alpha_{72}\tilde{F}_2 + \alpha_{73}\tilde{F}_3. \end{cases}$$

求得的因子载荷等估计如表 10.22 所列。

表 10.22 因子分析表

变量	旋转因子载荷估计			旋转后得分函数			旋转后共同度
	$\tilde{F}_1$	$\tilde{F}_2$	$\tilde{F}_3$	因子1	因子2	因子3	
1	0.907605	0.294817	0.034718	0.745217	0.354465	-0.48049	0.911869
2	0.869982	-0.24963	0.078095	0.889012	-0.07406	-0.17162	0.825281
3	0.099064	0.892287	0.427977	-0.0595	0.983978	-0.13192	0.989154
4	0.880509	-0.20717	0.056614	0.879545	-0.04995	-0.2129	0.821421
5	0.913414	-0.27973	0.192759	0.970314	-0.03063	-0.08534	0.949731
6	0.598641	0.499676	-0.61434	0.217151	0.130636	-0.95981	0.985457
可解释方差	3.55842	1.316252	0.608239	3.111494	1.119843	1.251575	

通过表 10.22 可以看出,得到了 3 个因子,第一个因子是穿住用因子,第二个因子是燃料因子,第 3 个因子是文化因子。第(1)问中得到 x_4, x_5 是一类变量,这里得到 x_2, x_4, x_5 是一类变量,略有差异。

计算的 Matlab 程序如下:

```
clc,clear
a = load('data1017.txt')    % 把原始数据保存在纯文本文件 data1017.txt 中
sy = zscore(a); % 数据标准化
r = corrcoef(sy);  % 求相关系数矩阵
[vec1,val,con] = pcacov(r)   % 进行主成分分析的相关计算
cumrate = cumsum(con) % 计算累积贡献率
f1 = repmat(sign(sum(vec1)),size(vec1,1),1);
vec2 = vec1.*f1;      % 特征向量正负号转换
f2 = repmat(sqrt(val)',size(vec2,1),1);
```

```
a = vec2.*f2             % 求初等载荷矩阵
contr1 = sum(a.^2)       % 计算因子贡献
num = input('请选择主因子的个数:');   % 交互式选择主因子的个数
am = a(:,[1:num]);       % 提出 num 个主因子的载荷矩阵
[b,t] = rotatefactors(am,'method','varimax')  % 旋转变换,b 为旋转后的载荷
bt = [b,a(:,[num+1:end])];   % 旋转后全部因子的载荷矩阵
degree = sum(b.^2,2)     % 计算共同度
contr2 = sum(bt.^2)      % 计算因子贡献
rate = contr2(1:num)/sum(contr2)  % 计算因子贡献率
coef = inv(r)*b          % 计算得分函数的系数
xlswrite('tt1.xls',a(:,[1:num]));   % 这里是准备做表格的数据
xlswrite('tt1.xls',contr1(1:num),'Sheet1','A7');
xlswrite('tt1.xls',b,'Sheet1','D1');
xlswrite('tt1.xls',contr2(1:num),'Sheet1','D7');
xlswrite('tt1.xls',degree,'Sheet1','G1');
```

(3) 聚类分析方法。首先进行变量聚类的 R 型聚类分析,步骤如下。

① 计算变量间的相关系数。用两变量 x_j 与 x_k 的相关系数作为它们的相似性度量,即 x_j 与 x_k 的相似系数为

$$r_{jk} = \frac{\sum_{i=1}^{16}(a_{ij}-\mu_j)(a_{ik}-\mu_k)}{\left[\sum_{i=1}^{16}(a_{ij}-\mu_j)^2 \sum_{i=1}^{16}(a_{ik}-\mu_k)^2\right]^{\frac{1}{2}}}, j,k=1,\cdots,6.$$

② 计算 6 个变量两两之间的距离,构造距离矩阵 $(d_{jk})_{6\times 6}$,这里 $d_{jk}=1-|r_{jk}|$。

③ 变量聚类。使用最短距离法来测量类与类之间的距离,即类 G_p 和 G_q 之间的距离:

$$D(G_p,G_q) = \min_{i\in G_p, k\in G_q}\{d_{ik}\}.$$

变量聚类的结果是变量 x_3 自成一类,其他变量为一类。画出的变量聚类图如图 10.3 所示。

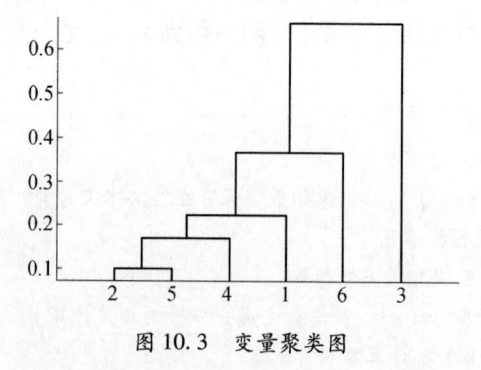

图 10.3 变量聚类图

R 型聚类的 Matlab 程序如下:
```
clc,clear
a = load('data1017.txt')    % 把原始数据保存在纯文本文件 data1017.txt 中
```

```
r = corrcoef(a);
d = 1 - abs(r);   % 进行数据变换,把相关系数转化为距离
d = tril(d);      % 提出 d 矩阵的下三角部分
b = nonzeros(d);  % 去掉 d 中的零元素
b = b';           % 化成行向量
z = linkage(b);   % 按最长距离法聚类
y = cluster(z,'maxclust',2)     % 把变量划分成两类
ind1 = find(y == 1);ind1 = ind1'   % 显示第一类对应的变量标号
ind2 = find(y == 2);ind2 = ind2'   % 显示第二类对应的变量标号
h = dendrogram(z);  % 画聚类图
set(h,'Color','k','LineWidth',1.3)   % 把聚类图线的颜色改成黑色,线宽加粗
```

最后进行样本点聚类的 Q 型聚类分析。计算步骤如下：

① 计算 16 个样本点之间的两两马氏距离。由于马氏距离可以消除量纲的影响,此处使用马氏距离计算样本点之间的距离,向量 $\boldsymbol{\alpha}$ 和 $\boldsymbol{\beta}$ 之间的马氏距离为

$$c(\boldsymbol{\alpha},\boldsymbol{\beta}) = \sqrt{(\boldsymbol{\alpha}-\boldsymbol{\beta})^{\mathrm{T}}\Sigma^{-1}(\boldsymbol{\alpha}-\boldsymbol{\beta})},$$

计算时,Σ 使用的是样本协方差阵。这样可以得到 16 个样本点之间的两两距离矩阵 $\boldsymbol{D} = (c_{ij})_{16\times 16}$。

② 类与类间的相似性度量。如果有两个样本类 $\tilde{G}_1$ 和 $\tilde{G}_2$,使用最短距离度量它们之间的距离,即定义它们之间的距离:

$$\tilde{c}(\tilde{G}_1,\tilde{G}_2) = \min_{i\in \tilde{G}_1, j\in \tilde{G}_2}\{c_{ij}\}.$$

③ 画聚类图,并对样本点进行分类。

样本点的聚类结果如图 10.4 所示。通过聚类图,可以把地区分成 4 类,北京自成一类,吉林自成一类,上海自成一类,其他地区为一类。

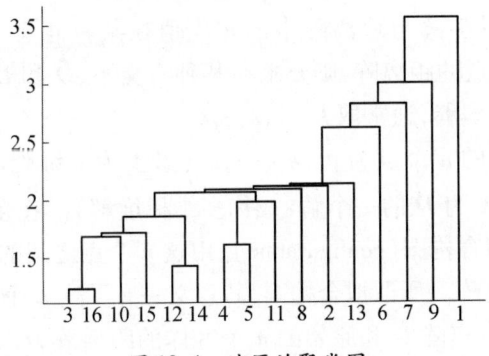

图 10.4 地区的聚类图

计算的 Matlab 程序如下:

```
clc,clear
a = load('data1017.txt');    % 把原始数据保存在纯文本文件 data1017.txt 中
var0 = cov(a);   % 计算样本的协方差阵
for j = 1:15
    for i = j+1:16
        d(i,j) = sqrt((a(i,:) - a(j,:)) * inv(var0) * (a(i,:) - a(j,:))');
```

```
        end
    end
b = nonzeros(d);% 去掉 d 中的零元素
b = b';         % 化成行向量
z = linkage(b); % 按最长距离法聚类
h = dendrogram(z);% 画聚类图
set(h,'Color','k','LineWidth',1.3)   % 把聚类图线的颜色改成黑色,线宽加粗
```

10.7 表 10.23 的数据是 10 种不同可乐软包装饮料的品牌的相似阵(0 表示相同,100 表示完全不同),试用多维标度法对其进行处理。

表 10.23 可乐软包装饮料数据

.	1	2	3	4	5	6	7	8	9	10
1. Diet Pepsi	0									
2. Riet – Rite	34	0								
3. Yukon	79	54	0							
4. Dr. Pepper	86	56	70	0						
5. Shasta	76	30	51	66	0					
6. Coca – Cola	63	40	37	90	35	0				
7. Ciet Dr. Pepper	57	86	77	50	76	77	0			
8. Tab	62	80	71	88	67	54	66	0		
9. Papsi – Cola	65	23	69	66	22	35	76	71	0	
10. Diet – Rite	26	60	70	89	63	67	59	33	59	0

解 多维标度法的目的就是要确定数 k,在 k 维空间 R^k 中求 n 个点 $e_1,e_2,\cdots,e_n$,使得这 n 个点的欧几里得距离与距离阵中的相应值在某种意义下尽量接近。即如果用 $\hat{D}=(\hat{d}_{ij})$ 记求得的 n 个点的距离阵,则要求在某种意义下,$\hat{D}$ 和 D 尽量接近。在实际中,为了使求得的结果易于解释,通常取 $k=1,2,3$。

设按某种要求求得的 n 个点为 $e_1,e_2,\cdots,e_n$(这里为 k 维列向量),并写成矩阵形式 $X=[e_1,\cdots,e_n]^T$,则称 X 为 D 的一个解(或称多维标度解)。在多维标度法中,形象地称 X 为距离阵 D 的一个拟合构图(configuration),由这 n 点之间的欧几里得距离构成的距离阵称为 D 的拟合距离阵。所谓拟合构图,其意义是有了这 n 个点的坐标,可以在 R^k 中画出图来,使得它们的距离阵 $\hat{D}$ 和原始的 n 个客体的距离阵 D 接近,并可给出原始 n 个客体关系一个有意义的解释。特别地,如果 $\hat{D}=D$,则称 X 为 D 的一个构图。

为了叙述问题方便,先引进几个记号。设 $D=(d_{ij})_{n\times n}$ 为一个距离阵,令

$$\begin{cases} A=(a_{ij})_{n\times n}, & \text{其中 } a_{ij}=-\frac{1}{2}d_{ij}^2, \\ B=HAH, & \text{其中 } H=I_n-\frac{1}{n}E_n. \end{cases}$$

式中:I_n 为 n 阶单位阵,且

$$E_n = \begin{bmatrix} 1 & \cdots & 1 \\ \vdots & \ddots & \vdots \\ 1 & \cdots & 1 \end{bmatrix}_{n \times n}.$$

多维标度法经典解的求解步骤如下:

(1) 由距离阵 D 构造矩阵 $A = (a_{ij})_{n \times n} = \left(-\frac{1}{2} d_{ij}^2 \right)_{n \times n}$,作出矩阵 $B = HAH$,其中 $H = I_n - \frac{1}{n} E_n$。

(2) 求出 B 的 k 个最大特征值 $\lambda_1 \geq \lambda_2 \geq \cdots \geq \lambda_k$,和对应的正交特征向量 $\boldsymbol{\alpha}_1, \cdots, \boldsymbol{\alpha}_k$,并且满足规格化条件 $\boldsymbol{\alpha}_i^T \boldsymbol{\alpha}_i = \lambda_i, i = 1, 2, \cdots, k$。

注意,这里关于 k 的选取有两种方法:一种是事先指定,如 $k = 1, 2$ 或 3;另一种是考虑前 k 个特征值在全体特征值中所占的比例,这时需将所有特征值 $\lambda_1 \geq \cdots \geq \lambda_n$ 求出。如果 λ_i 都非负,说明 $B \geq 0$,从而 D 为欧几里得的,则依据

$$\varphi = \frac{\lambda_1 + \cdots + \lambda_k}{\lambda_1 + \cdots + \lambda_n} \geq \varphi_0$$

来确定上式成立的最小 k 值,其中 φ_0 为预先给定的百分数(即变差贡献比例)。如果 λ_i 中有负值,表明 D 是非几里得的,这时用

$$\varphi = \frac{\lambda_1 + \cdots + \lambda_k}{|\lambda_1| + \cdots + |\lambda_n|} \geq \varphi_0$$

求出最小的 k 值,但必要求 $\lambda_1 \geq \cdots \geq \lambda_k > 0$,否则必须减少 φ_0 的值以减少个数 k。

(3) 将所求得的特征向量顺序排成一个 $n \times k$ 矩阵 $\hat{X} = [\boldsymbol{\alpha}_1, \cdots, \boldsymbol{\alpha}_k]$,则 $\hat{X}$ 就是 D 的一个拟合构图,$e_i (i = 1, 2, \cdots, n)$ 对应的点 P_i 是 D 的拟合构图点。这一 k 维拟合图称为经典解 k 维拟合构图(简称经典解)。

本题中 $n = 10$,取 $k = 2$,得到的二维拟合构图如图 10.5 所示。

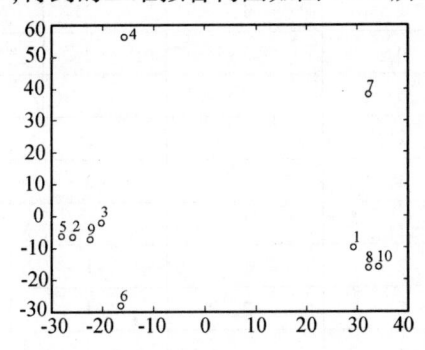

图 10.5 品牌分析的多维标度法拟合构图

通过图 10.5,可以把 10 个品牌分成 4 类,品牌 1、8、10 为第一类,品牌 2、3、5、9 为第二类,品牌 4 为第三类,品牌 7 为第 4 类。

计算的 Matlab 程序如下:

```
clc, clear
d = textread('data1023.txt');
d = nonzeros(d)';
```

```
[y,eigvals]=cmdscale(d) % 求经典解,d 可以为实对称矩阵或 pdist 函数的行向量输出
plot(y(:,1),y(:,2),'o','Color','k','LineWidth',1.3) % 画出点的坐标
pin={'1','2','3','4','5','6','7','8','9','10'}; % 构造标注的字符串
text(y(:,1),y(:,2)+3,pin) % 对 10 个品牌对应的点进行标注
```

10.8 下面是关于摩托车的一个调查,我们共有 20 种车的数据,其中考察了 5 个变量:

(1) 发动机大小,用 1、2、3、4、5 来代表;

(2) 汽罐容量,用 1、2、3 来相对描述;

(3) 费油率,用 1、2、3、4 来相对描述;

(4) 重量,用 1、2、3、4、5 来描述;

(5) 产地,0 表示北美生产,1 表示其余产地。

试用多维标度法来处理表 10.24 中的数据,并对结果进行解释。

表 10.24 摩托车性能数据

车类型	发动机大小	汽罐容量	费油率	重量	产地
Pontiac Paris	5	3	4	5	0
Honda Civic	1	1	1	1	1
Buick Century	4	2	4	3	0
Subaru GL	1	1	1	2	1
Volvo 740GLE	2	1	2	3	1
Plymouth Caragel	2	1	2	3	0
Honda Accord	1	1	2	2	1
Chev Camaro	3	2	3	4	0
Plymouth Horizon	2	1	2	2	0
Chrvsler Davtona	2	1	2	3	0
Cadillac Fleetw	4	3	4	5	0
Ford Mustang	5	3	4	4	0
Toyota Celica	2	1	2	2	1
Ford Escort	1	1	2	2	0
Toyota Tercel	1	1	1	1	1
Toyota Camry	2	1	2	2	1
Mercury Capri	5	3	4	4	0
Toyota Cressida	3	2	3	4	1
Nissan 300ZX	3	2	4	4	1
Nissan Maxima	3	2	4	4	1

解 分别用 $x_j(j=1,\cdots,5)$ 表示发动机大小、气罐容量、费油率、重量和产地 5 个指标变量。用 $i=1,\cdots,20$ 表示 20 种摩托车,a_{ij} 表示第 i 种摩托车第 j 个指标变量的取值。

定义第 i 种和第 k 种摩托车之间的距离为

$$d_{ik} = \sum_{j=1}^{5} |a_{ij} - a_{kj}|,$$

构造距离矩阵 $D = (d_{ik})_{20 \times 20}$，使用多维标度法研究 20 种摩托车之间的相似性。

得到的拟合构图如图 10.6 所示。

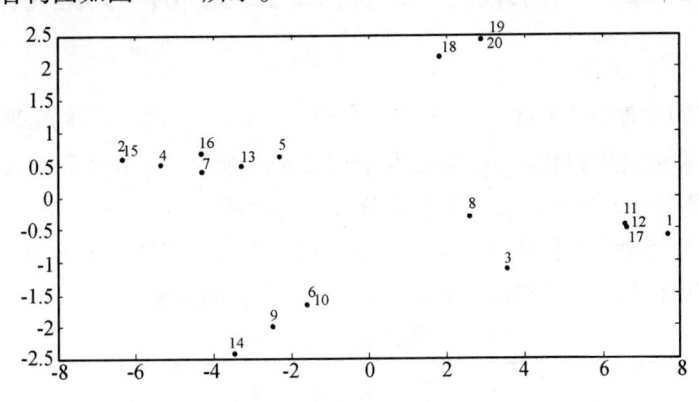

图 10.6 摩托车多维标度分析的拟合构图

从图 10.6 可以看出，20 种类型的摩托车可以分成 5 类，第一类包括 1、11、12、17，第二类包括 2、4、5、7、13、15、16，第三类包括 3、8，第四类包括 6、9、10、14，第五类包括 18、19、20。

计算的 Matlab 程序如下：

```
clc, clear
d0 = textread('data1024.txt'); d = mandist(d0');
[y,eigvals] = cmdscale(d) % 求经典解,d 可以为实对称矩阵或 pdist 函数的行向量输出
plot(y(:,1),y(:,2),'.','Color','k','LineWidth',1.3) % 画出点的坐标
pin = {'1','2','3','4','5','6','7','8','9','10','11','12','13','14','15','16','17','18','19','20'}; % 构造标注的字符串
for i = 1:20
text(y(i,1) + rand * 0.1,y(i,2) + rand * 0.2,pin{i}) % 对 10 个品牌对应的点进行标注
end
```

第11章 偏最小二乘回归分析习题解答

11.1 考察的指标(因变量)y 表示原辛烷值,自变量 x_1 表示直接蒸馏成分,x_2 表示重整汽油,x_3 表示原油热裂化油,x_4 表示原油催化裂化油,x_5 表示聚合物,x_6 表示烷基化物,x_7 表示天然香精。7 个变量表示 7 个成分含量的比例(满足 $x_1 + x_2 + \cdots + x_7 = 1$)。表 11.1 给出 12 种混合物中 7 种成分和 y 的数据。试用偏最小二乘方法建立 y 与 $x_1, x_2, \cdots, x_7$ 的回归方程,用于确定 7 种构成元素 $x_1, x_2, \cdots, x_7$ 对 y 的影响。

表 11.1 化工试验的原始数据

序号	x_1	x_2	x_3	x_4	x_5	x_6	x_7	y
1	0	0.23	0	0	0	0.74	0.03	98.7
2	0	0.1	0	0	0.12	0.74	0.04	97.8
3	0	0	0	0.1	0.12	0.74	0.04	96.6
4	0	0.49	0	0	0.12	0.37	0.02	92.0
5	0	0	0	0.62	0.12	0.18	0.08	86.6
6	0	0.62	0	0	0	0.37	0.01	91.2
7	0.17	0.27	0.1	0.38	0	0	0.08	81.9
8	0.17	0.19	0.1	0.38	0.02	0.06	0.08	83.1
9	0.17	0.21	0.1	0.38	0	0.06	0.08	82.4
10	0.17	0.15	0.1	0.38	0.02	0.1	0.08	83.2
11	0.21	0.36	0.12	0.25	0	0	0.06	81.4
12	0	0	0	0.55	0	0.37	0.08	88.1

解 样本点的个数为 12,分别用 $i = 1, \cdots, 12$ 表示各个样本点,自变量的观测数据矩阵记为 $\boldsymbol{A} = (a_{ij})_{12 \times 7}$,因变量的观测数据矩阵记为 $\boldsymbol{B} = [b_1, \cdots, b_{12}]^{\mathrm{T}}$。

(1) 数据标准化

将各指标值 a_{ij} 转换成标准化指标值 $\tilde{a}_{ij}$,即

$$\tilde{a}_{ij} = \frac{a_{ij} - \mu_j^{(1)}}{s_j^{(1)}}, \quad i = 1, 2, \cdots, 12, \quad j = 1, \cdots, 7.$$

式中:$\mu_j^{(1)} = \frac{1}{12} \sum_{i=1}^{12} a_{ij}, s_j^{(1)} = \sqrt{\frac{1}{12-1} \sum_{i=1}^{12} (a_{ij} - \mu_j^{(1)})^2} \ (j = 1, \cdots, 7)$,即 $\mu_j^{(1)}$、$s_j^{(1)}$ 为第 j 个自变量 x_j 的样本均值和样本标准差。对应地,称

$$\tilde{x}_j = \frac{x_j - \mu_j^{(1)}}{s_j^{(1)}}, \quad j = 1, \cdots, 7$$

为标准化指标变量。

类似地,将 b_i 转换成标准化指标值 $\tilde{b}_i$,即

$$\tilde{b}_i = \frac{b_i - \mu^{(2)}}{s^{(2)}}, \quad i = 1,2,\cdots,12,$$

式中:$\mu^{(2)} = \frac{1}{12}\sum_{i=1}^{12} b_i, s^{(2)} = \sqrt{\frac{1}{12-1}\sum_{i=1}^{12}(b_i - \mu^{(2)})^2}$,即 $\mu^{(2)}, s^{(2)}$ 为因变量 y 的样本均值和样本标准差;对应地,称

$$\tilde{y} = \frac{y - \mu^{(2)}}{s^{(2)}}$$

为对应的标准化变量。

(2) 分别提出自变量组和因变量组的成分。使用 Matlab 软件,可以求得 7 对成分,其中第一对成分为

$$\begin{cases} u_1 = -0.0906\tilde{x}_1 - 0.0575\tilde{x}_2 - 0.0804\tilde{x}_3 - 0.116\tilde{x}_4 + 0.0238\tilde{x}_5 - 0.0657\tilde{x}_7, \\ v_1 = 3.1874\tilde{y}_1. \end{cases}$$

前三个成分解释自变量的比率为 91.83%,只要取 3 对成分即可。

(3) 求三个成分对标准化指标变量与成分变量之间的回归方程

求得自变量组和因变量组与 u_1、u_2、u_3 之间的回归方程分别为

$$\tilde{x}_1 = -2.9991 u_1 - 0.1186 u_2 + 1.0472 u_3$$

$$\tilde{x}_2 = 0.2095 u_1 - 2.7981 u_2 + 1.7237 u_3,$$

$$\vdots$$

$$\tilde{x}_7 = -2.7279 u_1 + 1.3298 u_2 - 1.3002 u_3,$$

$$\tilde{y}_1 = 3.1874 u_1 + 0.7617 u_2 + 0.3954 u_3.$$

(4) 求因变量组与自变量组之间的回归方程

把(2)中成分 u_i 代入(3)中 $\tilde{y}_i$ 的回归方程,得到标准化指标变量之间的回归方程为

$$\tilde{y}_1 = -0.1391\tilde{x}_1 - 0.2087\tilde{x}_2 - 0.1376\tilde{x}_3 - 0.2932\tilde{x}_4$$
$$- 0.0384\tilde{x}_5 + 0.4564\tilde{x}_6 - 0.1434\tilde{x}_7.$$

将标准化变量 $\tilde{y}, \tilde{x}_j (j=1,\cdots,7)$ 分别还原成原始变量 y, x_j,得到回归方程为

$$y_1 = 92.676 - 9.8283 x_1 - 6.9602 x_2 - 16.6662 x_3$$
$$- 8.4218 x_4 - 4.3889 x_5 + 10.1613 x_6 - 34.529 x_7.$$

(5) 模型的解释与检验

为了更直观、迅速地观察各个自变量在解释 y 时的边际作用,可以绘制回归系数图,如图 11.1 所示。这个图是针对标准化数据的回归方程的。

从回归系数图中可以立刻观察到,原油催化裂化油和烷基化物变量在解释回归方程时起到了极为重要的作用。

为了考察这个回归方程的模型精度,我们以 $(\hat{y}_i, y_i)$ 为坐标值,对所有的样本点绘制预测图。$\hat{y}_i$ 是 y 在第 i 个样本点的预测值。在这个预测图上,如果所有点都能在图的对角线附近均匀分布,则方程的拟合值与原值差异很小,这个方程的拟合效果就是满意的。原辛烷值的预测图如图 11.2 所示。

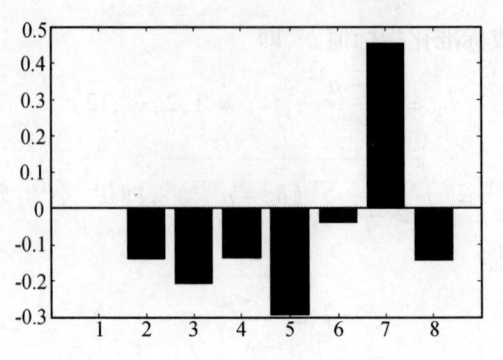

图 11.1 回归系数的直方图

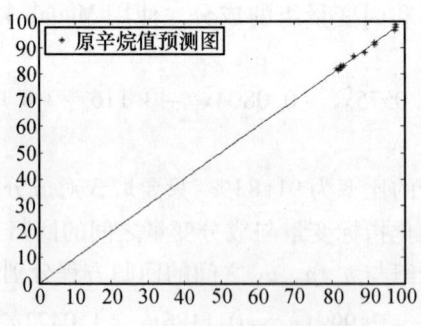

图 11.2 原辛烷值的预测图

计算和画图的 Matlab 程序如下：

```
clc,clear
ab0 = load('data111.txt'); % 原始数据存放在纯文本文件 data111.txt 中
mu = mean(ab0);sig = std(ab0); % 求均值和标准差
ab = zscore(ab0); % 数据标准化
a = ab(:,[1:end-1]);b = ab(:,end); % 提出标准化后的自变量和因变量数据
[XL,YL,XS,YS,BETA,PCTVAR,MSE,stats] = plsregress(a,b)
xw = a\XS % 求自变量的主成分系数,每列对应一个成分,这里 xw 等于 stats.W
yw = b\YS % 求因变量的主成分系数
ncomp = input('请根据 PCTVAR 的值确定提出成分对的个数 ncomp = ');
[XL2,YL2,XS2,YS2,BETA2,PCTVAR2,MSE2,stats2] = plsregress(a,b,ncomp)
n = size(a,2); % n 是自变量的个数
beta3(1) = mu(end) - mu(1:n)./sig(1:n) * BETA2([2:end]).* sig(end); % 原始数据
回归方程的常数项
beta3([2:n+1]) = (1./sig(1:n))'* sig(n+1:end).* BETA2([2:end])
bar(BETA2','k') % 画直方图
yhat = repmat(beta3(1),[size(a,1),1]) + ab0(:,[1:n]) * beta3([2:end])' % 求 y
的预测值
ymax = max([yhat;ab0(:,end)]); % 求预测值和观测值的最大值
figure
plot(yhat(:,1),ab0(:,n+1),'*',[0:ymax],[0:ymax],'Color','k')
legend('原辛烷值预测图',2)
```

11.2 试对表 11.2 的 38 名学生的体质和运动能力数据,用偏最小二乘法建立 5 个运动能力指标与 7 个体质变量的回归方程。

表 11.2 学生体质与运动能力数据

序号	x_1	x_2	x_3	x_4	x_5	x_6	x_7	y_1	y_2	y_3	y_4	y_5
1	46	55	126	51	75.0	25	72	6.8	489	27	8	360
2	52	55	95	42	81.2	18	50	7.2	464	30	5	348
3	46	69	107	38	98.0	18	74	6.8	430	32	9	386
4	49	50	105	48	97.6	16	60	6.8	362	26	6	331
5	42	55	90	46	66.5	2	68	7.2	453	23	11	391
6	48	61	106	43	78.0	25	58	7.0	405	29	7	389
7	49	60	100	49	90.6	15	60	7.0	420	21	10	379
8	48	63	122	52	56.0	17	68	7.0	466	28	2	362
9	45	55	105	48	76.0	15	61	6.8	415	24	6	386
10	48	64	120	38	60.2	20	62	7.0	413	28	7	398
11	49	52	100	42	53.4	6	42	7.4	404	23	6	400
12	47	62	100	34	61.2	10	62	7.2	427	25	7	407
13	41	51	101	53	62.4	5	60	8.0	372	25	3	409
14	52	55	125	43	86.3	5	62	6.8	496	30	10	350
15	45	52	94	50	51.4	20	65	7.6	394	24	3	399
16	49	57	110	47	72.3	19	45	7.0	446	30	11	337
17	53	65	112	47	90.4	15	75	6.6	420	30	12	357
18	47	57	95	47	72.3	9	64	6.6	447	25	4	447
19	48	60	120	47	86.4	12	62	6.8	398	28	11	381
20	49	55	113	41	84.1	15	60	7.0	398	27	4	387
21	48	69	128	42	47.9	20	63	7.0	485	30	7	350
22	42	57	122	46	54.2	15	63	7.2	400	28	6	388
23	54	64	155	51	71.4	19	61	6.9	511	33	12	298
24	53	63	120	42	56.6	8	53	7.5	430	29	4	353
25	42	71	138	44	65.2	17	55	7.0	487	29	9	370
26	46	66	120	45	62.2	22	68	7.4	470	28	7	360
27	45	56	91	29	66.2	18	51	7.9	380	26	5	358
28	50	60	120	42	56.6	8	57	6.8	460	32	5	348
29	42	51	126	50	50.0	13	57	7.7	398	27	2	383
30	48	50	115	41	52.9	6	39	7.4	415	28	6	314
31	42	52	140	48	56.3	15	60	6.9	470	27	11	348
32	48	67	105	39	69.2	23	60	7.6	450	28	10	326
33	49	74	151	49	54.2	20	58	7.0	500	30	12	330

(续)

序号	体质情况							运动能力				
	x_1	x_2	x_3	x_4	x_5	x_6	x_7	y_1	y_2	y_3	y_4	y_5
34	47	55	113	40	71.4	19	64	7.6	410	29	7	331
35	49	74	120	53	54.5	22	59	6.9	500	33	21	348
36	44	52	110	37	54.9	14	57	7.5	400	29	2	421
37	52	66	130	47	45.9	14	45	6.8	505	28	11	355
38	48	68	100	45	53.6	23	70	7.2	522	28	9	352

解 主成分的个数为5,用偏最小二乘法求得的5个运动能力指标与7个体质变量的回归方程分别为

$$y_1 = 11.1448 - 0.0296x_1 - 0.0122x_2 - 0.0033x_3 - 0.0165x_4 \\ - 0.0091x_5 + 0.0055x_6 - 0.0042x_7,$$

$$y_2 = 66.518 + 1.8409x_1 + 2.9021x_2 + 0.6315x_3 + 1.5221x_4 \\ - 0.433x_5 + 0.0421x_6 + 0.0144x_7,$$

$$y_3 = 6.5484 + 0.2296x_1 + 0.0956x_2 + 0.0563x_3 - 0.0535x_4 \\ + 0.0059x_5 + 0.104x_6 - 0.0229x_7,$$

$$y_4 = -28.3717 + 0.1951x_1 + 0.2638x_2 + 0.0317x_3 + 0.1133x_4 \\ + 0.0324x_5 - 0.0786x_6 + 0.0219x_7,$$

$$y_5 = 587.9033 - 3.6103x_1 + 0.4905x_2 - 0.803x_3 + 0.0132x_4 \\ - 0.0973x_5 - 1.4652x_6 + 0.6883x_7.$$

计算的 Matlab 程序如下:

```
clc,clear
ab0 = load('data112.txt');  % 原始数据存放在纯文本文件 data112.txt 中
mu = mean(ab0);sig = std(ab0);  % 求均值和标准差
ab = zscore(ab0);  % 数据标准化
a = ab(:,[1:7]);b = ab(:,[8:12]);  % 提出标准化后的自变量和因变量数据
[XL,YL,XS,YS,BETA,PCTVAR,MSE,stats] = plsregress(a,b)
% XL 的每一行是标准化自变量对相应主成分的回归系数
% BETA 各列是标准化因变量对标准化自变量的回归系数
% PCTVAR 的第一行是自变量组主成分的贡献率
xw = a\XS  % 求自变量的主成分系数,每列对应一个成分,这里 xw 等于 stats.W
yw = b\YS  % 求因变量的主成分系数
ncomp = input('请根据 PCTVAR 的值确定提出成分对的个数 ncomp = ');
[XL2,YL2,XS2,YS2,BETA2,PCTVAR2,MSE2,stats2] = plsregress(a,b,ncomp)
n = size(a,2);m = size(b,2); % n 是自变量的个数,m 是因变量的个数
beta3(1,:) = mu(n+1:end) - mu(1:n)./sig(1:n)*BETA2([2:end],:).*sig(n+1:end);  % 原始数据回归方程的常数项
beta3([2:n+1],:) = (1./sig(1:n))'*sig(n+1:end).*BETA2([2:end],:)  % 计算原
```

始变量 x1,…,xn 的系数,每一列是一个回归方程
```
    bar(BETA2','k') % 画直方图
    yhat = repmat(beta3(1,:),[size(a,1),1]) + ab0(:,[1:n]) * beta3([2:end],:) % 求
y1,…,y5 的预测值
    ymax = max([yhat;ab0(:,[n+1:end])]); % 求预测值和观测值的最大值
    % 下面画 y1,y2,y3,y4,y5 的预测图,并画直线 y = x
    figure, subplot(2,3,1),
    plot(yhat(:,1),ab0(:,n+1),'*',[0:ymax(1)],[0:ymax(1)],'Color','k')
    legend('y1',2)
    subplot(2,3,2)
    plot(yhat(:,2),ab0(:,n+2),'O',[0:ymax(2)],[0:ymax(2)],'Color','k')
    legend('y2',2)
    subplot(2,3,3)
    plot(yhat(:,3),ab0(:,n+3),'H',[0:ymax(3)],[0:ymax(3)],'Color','k')
    legend('y3',2)
    subplot(2,3,4)
    plot(yhat(:,4),ab0(:,n+4),'H',[0:ymax(4)],[0:ymax(4)],'Color','k')
    legend('y4',2)
    subplot(2,3,5)
    plot(yhat(:,5),ab0(:,end),'H',[0:ymax(5)],[0:ymax(5)],'Color','k')
    legend('y5',2)
```

第 12 章 现代优化算法习题解答

12.1 用遗传算法求解下列非线性规划问题：

$$\min \quad f(x) = (x_1 - 2)^2 + (x_2 - 1)^2,$$
$$\text{s.t.} \begin{cases} x_1 - 2x_2 + 1 \geq 0, \\ \dfrac{x_1^2}{4} - x_2^2 + 1 \geq 0. \end{cases}$$

解 求解的 Matlab 程序如下：
```
function ti12_1
fun1 = @(x) (x(1)-2)^2+(x(2)-1)^2;
[x,val] = ga(fun1,2,[],[],[],[],[],[],@fun2)
function [c,ceq] = fun2(x);
c = -x(1)^2/4+x(2)^2-1; ceq = [];
```
注：遗传算法的每次运行结果都是不一样的。

12.2 学生面试问题。高校自主招生是高考改革中的一项新生事物，现在仍处于探索阶段。某高校拟在全面衡量考生的高中学习成绩及综合表现后再采用专家面试的方式决定录取与否。该校在今年自主招生中，经过初选合格进入面试的考生有 N 人，拟聘请老师 M 人。每位学生要分别接受 4 位老师（简称该学生的"面试组"）的单独面试。面试时，各位老师独立地对考生提问并根据其回答问题的情况给出评分。由于这是一项主观性很强的评价工作，老师的专业可能不同，他们的提问内容、提问方式以及评分习惯也会有较大差异，因此面试同一位考生的"面试组"的具体组成不同会对录取结果产生一定影响。为了保证面试工作的公平性，组织者提出如下要求：

（1）每位老师面试的学生数量应尽量均衡；
（2）面试不同考生的"面试组"成员不能完全相同；
（3）两个考生的"面试组"中有两位或三位老师相同的情形尽量少；
（4）被任意两位老师面试的两个学生集合中出现相同学生的人数尽量少。

请回答如下问题：

问题一：设考生数 N 已知，在满足条件（2）的情况下，说明聘请老师数 M 至少分别应为多大，才能做到任两位学生的"面试组"都没有两位以及三位面试老师相同的情形。

问题二：请根据（1）～（4）的要求建立学生与面试老师之间合理的分配模型，并就 $N=379, M=24$ 的情形给出具体的分配方案（每位老师面试哪些学生）及该方案满足（1）～（4）这些要求的情况。

问题三：假设面试老师中理科与文科的老师各占一半，并且要求每位学生接受两位文科与两位理科老师的面试，请在此假设下分别回答问题一与问题二。

问题四：请讨论考生与面试老师之间分配的均匀性和面试公平性的关系。为了保证面试的公平性，除了组织者提出的要求外，还有哪些重要因素需要考虑，试给出新的分配方案或建议。

注：本题为 2006 年全国研究生数学建模竞赛的 D 题，有兴趣的读者可以参看网上的一些优秀论文。

解 问题一：

设 G 为 m 阶简单无向图，若 G 中的所有顶点对之间都有边相连，则称 G 为 m 阶的完全图，记为 K_m，如四阶完全图记作 K_4。

如果用 G 的每个顶点来表示不同的老师，用 G 中的边来表示老师在同一个"面试组"这一关系，则 G 中的每个无边重复的 K_4 图，就对应着一个"面试组"方案，同时，每有一个面试方案，就意味着老师可以接受一个考生的面试请求。

对于一个 M 阶完全图 G，N 表示 G 中无重复边的 K_4 的个数，则必有

$$M \geq \frac{1+\sqrt{1+48N}}{2}.$$

证明：对于 G 来说，从中每删除一个 K_4 子图的边，G 中的边就将减少 6 条。则 G 能提供的 K_4 子图的最大个数为 $C_M^2/6$，进一步有

$$C_M^2/6 \geq N,$$

化简后 $M^2 - M - 12N \geq 0$，则有

$$M \geq \frac{1+\sqrt{1+48N}}{2}.$$

问题二：

设

$$x_{ij} = \begin{cases} 1, & \text{表示第 } i \text{ 个教师面试第 } j \text{ 个学生} \\ 0, & \text{表示第 } i \text{ 个教师不面试第 } j \text{ 个学生} \end{cases}, i=1,2,\cdots,M, \quad j=1,2,\cdots,N.$$

首先把题目中的面试要求转化为数学表达式。

（1）平均每个老师面试的人数为 $\frac{4N}{M}$，每个老师面试的学生数量应尽量均衡，则要满足均衡约束条件

$$\frac{4N}{M} - \alpha \leq \sum_{j=1}^{N} x_{ij} \leq \frac{4N}{M} + \alpha, i=1,2,\cdots,M.$$

式中：α 为调整裕度。

（2）面试不同考生的"面试组"成员不能完全相同，则有

$$\sum_{i=1}^{M} x_{ij} x_{it} \leq 3, 1 \leq j < t \leq N.$$

（3）两个考生的"面试组"中有两位或三位老师相同的情形尽量少。即 $\sum_{i=1}^{M} x_{ij} x_{it} = 3$，

或 $\sum_{i=1}^{M} x_{ij}x_{it} = 2$, $1 \leq j < t \leq N$, 出现的次数要少。

定义 $p_{jt} = \sum_{i=1}^{M} x_{ij}x_{it}, j \neq t$, 当 $j = t$ 时, 定义 $p_{jt} = 0$; 要使有两位或三位老师相同的情形出现的次数少, 即要使 $\sum_{j=1}^{N} \sum_{t=1}^{N} p_{jt}$ 要小。

（4）被任意两位老师面试的两个学生集合中出现相同学生的人数尽量少, 即 $\sum_{j=1}^{N} x_{ij}x_{kj}, 1 \leq i < k \leq M$, 要尽量少。

定义 $q_{ik} = \sum_{j=1}^{N} x_{ij}x_{kj}, i \neq k$, 当 $i = k$ 时, 定义 $q_{ik} = 0$, 即要使 $\sum_{i=1}^{M} \sum_{k=1}^{M} q_{ik}$ 要少。

（5）每个学生要经过 4 个老师的面试, 则有

$$\sum_{i=1}^{M} x_{ij} = 4, j = 1, 2, \cdots, N.$$

综上所述, 本题实际上是两个目标函数的目标规划, 即要使出现相同老师或相同学生的人数都尽量少, 取这两个目标函数的权重相等, 建立如下 0 - 1 整数非线性规划模型:

$$\min \frac{1}{2}\sum_{j=1}^{N}\sum_{t=1}^{N} p_{jt} + \frac{1}{2}\sum_{i=1}^{M}\sum_{k=1}^{M} q_{ik},$$

s.t. $\begin{cases} \frac{4N}{M} - \alpha \leq \sum_{j=1}^{N} x_{ij} \leq \frac{4N}{M} + \alpha, i = 1, 2, \cdots, M, \\ p_{jt} = \sum_{i=1}^{M} x_{ij}x_{it}, j, t = 1, 2, \cdots, N, j \neq t, \\ p_{jj} = 0, j = 1, 2, \cdots, N, \\ p_{jt} \leq 3, j, t = 1, 2, \cdots, N, \\ q_{ik} = \sum_{j=1}^{N} x_{ij}x_{kj}, i, k = 1, 2, \cdots, M, i \neq k, \\ q_{ii} = 0, i = 1, 2, \cdots, M, \\ \sum_{i=1}^{M} x_{ij} = 4, j = 1, 2, \cdots, N, \\ x_{ij} = 0 \text{ 或 } 1, i = 1, 2, \cdots, M; j = 1, 2, \cdots, N. \end{cases}$

式中: α 为调整裕度, 可以试着取 1、2 等。

问题二的 Matlab 程序如下:

```
function ti12_2_1
global M N L
N=379; M=24; L=M*N;
[x,fval]=ga(@fun12_2_1,L,[],[],[],[],zeros(L,1),ones(L,1),@fun12_2_2)
%**************************************************
% 目标函数
```

```
% ************************************************
function f = fun12_2_1(x);
global M N L
f = 0; x = reshape(x,[M,N]);
for j = 1:N-1
    for t = j+1:N
        f = f + x(:,j)' * x(:,t);
    end
end
for i = 1:M-1
    for k = i+1:M
        f = f + x(i,:) * x(k,:)';
    end
end

% ************************************************
% 非线性约束条件函数
% ************************************************
function [c,ceq] = fun12_2_2(x);
global M N
x = reshape(x,[M,N]); alpha = 2; k = 1;
for i = 1:M
    c(k) = -sum(x(i,:)) + 4*N/M - alpha;
    c(2*k-1) = sum(x(i,:)) - 4*N/M - alpha; k = k+1;
end
k = 2*M+1;
for j = 1:N-1
    for t = j+1:N
        c(k) = x(:,j)' * x(:,t) - 3;
        k = k+1;
    end
end
for j = 1:N
    ceq(j) = sum(x(:,j)) - 4;
end
```

注:(1) 上述 Matlab 程序中为了书写方便和突破 Matlab 对矩阵维数的限制,把线性约束也写在非线性约束中。

(2) 由于问题的规模较大,实际上 Matlab 很难求出上述问题的较好解。最好自己设计遗传算法来求解上述问题。

问题二的 Lingo 程序如下:
model:

```
sets:
teacher/1..24/;
student/1..379/;
link1(teacher,student):x;
link2(teacher,teacher):q;
link3(student,student):p;
endsets
data:
n = 379;
m = 24;
enddata
min = 0.5 * @sum(link3:p) + 0.5 * @sum(link2:q);
@for(teacher(i):@sum(student(j):x(i,j)) > 4 * n/m - 2;
@sum(student(j):x(i,j)) < 4 * n/m + 2);
@for(link3(j,t) |j#ne#t:p(j,t) = @sum(teacher(i):x(i,j) * x(i,t)));
@for(link3(j,t) |j#eq#t:p(j,t) = 0);
@for(link3:p < = 3);
@for(link2(i,k) |i#ne#k:q(i,k) = @sum(student(j):x(i,j) * x(k,j)));
@for(link2(i,k) |i#eq#k:q(i,k) = 0);
@for(student(j):@sum(teacher(i):x(i,j)) = 4);
@for(link1:@bin(x));
end
```

由于问题规模较大及非线性，Lingo 软件实际上是无法求解上述问题的。

问题三：

当面试老师中理科与文科老师各占一半时，老师总数 M 为偶数，我们把理科老师和文科老师依次标号为 $1,2,\cdots,\frac{M}{2}$，引进 0-1 变量：

$$y_{ij} = \begin{cases} 1, & \text{表示第 } i \text{ 个理科老师面试第 } j \text{ 个学生}, \\ 0, & \text{表示第 } i \text{ 个理科老师不面试第 } j \text{ 个学生}, \end{cases}$$

$$z_{ij} = \begin{cases} 1, & \text{表示第 } i \text{ 个文科老师面试第 } j \text{ 个学生}, \\ 0, & \text{表示第 } i \text{ 个文科老师不面试第 } j \text{ 个学生}, \end{cases}$$

其中 $i = 1,2,\cdots,\frac{M}{2}, \quad j = 1,2,\cdots,N$。

类似于问题二，建立如下 0-1 整数非线性规划模型：

$$\min \quad \frac{1}{2}\sum_{j=1}^{N}\sum_{t=1}^{N}p_{jt} + \frac{1}{2}\sum_{i=1}^{\frac{M}{2}}\sum_{k=1}^{\frac{M}{2}}(q_{ik}^{(1)} + q_{ik}^{(2)}) + \sum_{i=1}^{\frac{M}{2}}\sum_{k=1}^{\frac{M}{2}}q_{ik}^{(3)},$$

$$\text{s.t.} \begin{cases} \dfrac{4N}{M} - \alpha \leqslant \sum_{j=1}^{N} y_{ij} \leqslant \dfrac{4N}{M} + \alpha, & i = 1,2,\cdots,\dfrac{M}{2}, \\ \dfrac{4N}{M} - \alpha \leqslant \sum_{j=1}^{N} z_{ij} \leqslant \dfrac{4N}{M} + \alpha, & i = 1,2,\cdots,\dfrac{M}{2}, \\ p_{jt} = \sum_{i=1}^{M/2} y_{ij} y_{it} + \sum_{i=1}^{M/2} z_{ij} z_{it}, & j,t = 1,2,\cdots,N, j \neq t, \\ p_{jj} = 0, & j = 1,2,\cdots,N, \\ p_{jt} \leqslant 3, & j,t = 1,2,\cdots,N, \\ q_{ik}^{(1)} = \sum_{j=1}^{N} y_{ij} y_{kj}, & i,k = 1,2,\cdots,\dfrac{M}{2}, i \neq k, \\ q_{ii}^{(1)} = 0, & i = 1,2,\cdots,\dfrac{M}{2}, \\ q_{ik}^{(2)} = \sum_{j=1}^{N} z_{ij} z_{kj}, & i,k = 1,2,\cdots,\dfrac{M}{2}, i \neq k, \\ q_{ii}^{(2)} = 0, & i = 1,2,\cdots,\dfrac{M}{2}, \\ q_{ik}^{(3)} = \sum_{j=1}^{N} y_{ij} z_{kj}, & i,k = 1,2,\cdots,\dfrac{M}{2}, \\ \sum_{i=1}^{M/2} y_{ij} = 2, & j = 1,2,\cdots,N, \\ \sum_{i=1}^{M/2} z_{ij} = 2, & j = 1,2,\cdots,N, \\ y_{ij}, z_{ij} = 0 \text{ 或 } 1, \; i = 1,2,\cdots,\dfrac{M}{2}; \; j = 1,2,\cdots,N. \end{cases}$$

由于问题的规模比较大,此处就不给出计算程序了。

问题四：

(1) 均匀—公平的关系。根据对题目的理解,老师分配得越均匀,对于学生来说就越公平。由于面试是一个主观性很强的评价工作,老师的专业不同,提问的内容、方式以及评分习惯会有较大差异,因此面试同一位考生的"面试组"成员的具体组成不同会对录取结果产生一定影响。

对于不同学生参加面试,面试组成员对其进行评分标准不一,出发点也不同,这就在某些程度上影响了学生的综合得分。不同老师面试的学生数量尽量均衡,可以使公平性在一定程度上得到提高。

组织者提出的 4 点要求也从侧面反映了这个问题,即尽量使面试老师分配得更为均衡,两个考生的"面试组"成员不能完全相同,就是尽量让考生接受不同老师的面试,杜绝两位考生面试时为同一面试组现象的发生。

考生与面试老师之间分配均匀时,面试不同考生的面试组成员不会出现完全相同的情况,避免后来面试的考生获取面试的相关信息,影响面试的公平性。两个考生的面试组中有两位或三位老师相同的情形比较少,任意两个老师面试的学生集合中出现相同学生的人数也比较少,不同老师的组合可以让每个面试组对不同考生有不同的衡量标准,避免用同一标准来衡量不同的学生。

由于每个面试组组成成员的不同,评价标准也会不同,又因为每个学生擅长的方面不同,这样使得每位学生的面试标准有所不同,使得面试带有一定程度的随机性,从而更好地保证面试的公平性。当面试的老师之间分配的均匀性越高,每位教师面试学生的数目相对均衡,相互之间的交集越小,公平性越高。因此均匀性越高时,公平性越好。

总之,可以使面试过程尽量公平,但要做到绝对公平是不可能的。

(2) 建议。在面试过程中有可能存在以下问题:

每位老师的兴趣以及爱好不同,导致老师在问考生问题的时候侧重点是不同的;另一方面,考生的爱好和兴趣也是各不相同的,每人都有自己的特点,在回答同一个问题时,有可能各自回答问题的出发点不同。

为了保证面试过程的公平性给出以下建议:

① 每位老师对所有的学生都是公平对待;

② 每位老师都准备大量的题目,在面试考生时是随机抽取问题;

③ 老师在对学生打分时是根据题目的难易而定的,难度越大,相对来说所得到的分数是越多的,老师在提问时,题目由易入难;

④ "面试组"在组成时,老师应该是来自不同专业的,这一点体现了面试的综合性。

在平时的考试中,每位考生作的都是同一份试卷,每一道题都有标准答案,由于每位考生面对的条件都是一样的,在一定的程度上似乎是体现了考试的公平性。但是,从相同的试卷上是看不出更多的东西的(除了分数的高低)。在录取中设置面试这一道门槛,使得高校更清楚地初步认识每位考生的综合能力的高低,在今后对学生的培养中有一定的侧重点。高校在把握面试公平性的情况下,可以将入学面试进行推广。

12.3 用遗传算法求解下列非线性整数规划:

$$\max z = x_1^2 + x_2^2 + 3x_3^2 + 4x_4^2 + 2x_5^2 - 8x_1 - 2x_2 - 3x_3 - x_4 - 2x_5,$$

$$\text{s.t.} \begin{cases} 0 \leqslant x_i \leqslant 99, i = 1, \cdots, 5, \\ x_1 + x_2 + x_3 + x_4 + x_5 \leqslant 400, \\ x_1 + 2x_2 + 2x_3 + x_4 + 6x_5 \leqslant 800, \\ 2x_1 + x_2 + 6x_3 \leqslant 200, \\ x_3 + x_4 + 5x_5 \leqslant 200. \end{cases}$$

解 计算的 Matlab 程序如下:

```
clc, clear
fun3 = @(x) -(x(1)^2+x(2)^2+3*x(3)^2+4*x(4)^2+2*x(5)^2-...
    8*x(1)-2*x(2)-3*x(3)-x(4)-2*x(5));
a = [1 1 1 1 1; 1 2 2 1 6; 2 1 6 0 0; 0 0 1 1 5];
b = [400 800 200 200]';
lb = zeros(5,1); ub = 99*ones(5,1);
Intcon = [1:5];   % 整数变量的下标
[x,y] = ga(fun3,5,a,b,[],[],lb,ub,[],Intcon)
```

注:遗传算法的每次运行结果都是不一样的。

第13章 数字图像处理习题解答

13.1 找一个二值图像的 tif 文件,再找一个灰度图像的 tif 文件,看看它们的文件头有什么区别。

解 TIF 由四个部分组成,分别为图像头文件、图像文件目录、目录入口、图像数据。图像头文件(Image File Header,IFH)的内容如表 13.1 所列。

表 13.1 Image File Header(IFH)

成员	字节数
Byte order	2
Version	2
Offset to first IFD	4

IFH 数据结构包含 3 个成员共计 8 个字节,Byte order 成员可能是"MM"(0x4d4d)或"II"(0x4949),0x4d4d 表示该 TIF 图是摩托罗拉整数格式,0x4949 表示该图是 Intel 整数格式;Version 成员总是包含十进制 42(0x2a),它用于进一步校验该文件是否为 TIF 格式,42 这个数并不是一般人想象中的那样认为是 TIF 软件的版本,实际上,42 这个数大概永远不会变化;第三个成员是 IFD 相对文件开始处的偏移量。

如下的二值图像的 tif 文件和灰度图像的 tif 文件,它们的头文件是一样的。

读头文件的 Matlab 程序如下:

```
clc,clear
fid1 = fopen('fengmian_heibai.tif','r');
fid2 = fopen('tengmian_huidu.tif','r');
b1 = fread(fid1,2,'uint16'), b2 = fread(fid2,2,'uint16')
c1 = fread(fid1,1,'uint32'), c2 = fread(fid2,1,'uint32')
```

13.2 使用一副真实图像作为输入,连续旋转图像,每次 30°。给出旋转 12 次后的结果并与原输入图像进行对比。

解 若旋转 12 次,图像画板变得非常大,而感兴趣的图像相对于画板非常小,并且旋转 12 次的话,计算机特别容易死机。这里只旋转了一次,并且比较了旋转后的图像与原图像的大小。

计算的 Matlab 程序如下:

```
clc,clear
a = imread('fengmian_caise.tif');
b = imrotate(a,30);
[m1,n1] = size(a),[m2,n2] = size(b)
```

```
subplot(1,2,1),imshow(a)
subplot(1,2,2),imshow(b)
```
旋转后的图像与原图像的对比如图 13.1 所示。

图 13.1　旋转后的图像与原图像的对比

13.3　考虑一副有不同宽度竖条的图像，编写程序实现如表 13.2 的模板进行平滑（再将结果除以 16）。

表 13.2　模板数据

1	2	1
2	4	2
1	2	1

解　进行图像平滑的 Matlab 程序如下（图像变化见图 13.2）：
```
clc,clear
h=[1 2 1;2 4 2;1 2 1]/16;
a=imread('tiaozhuang.jpg');
b=imfilter(a,h);
subplot(1,2,1),imshow(a),title('原图像')
subplot(1,2,2),imshow(b),title('滤波后的图像')
```

图 13.2　平滑滤波后的图像与原图像的对比

13.4　编程把一幅 bmp 格式的图像保存成 jpg 格式的图像。

解　转换的 Matlab 程序如下：
```
clc,clear
```

```
a = imread('fengmian.bmp');
imwrite(a,'fengmian.jpg')
subplot(1,2,1), imshow(a)
subplot(1,2,2), imshow('fengmian.jpg')
```

13.5 编程先将一幅灰度图像用 3×3 平均滤波器平滑一次,再进行如下增强:

$$g(x,y) = \begin{cases} G[f(x,y)], & G[f(x,y)] \geq T, \\ f(x,y), & \text{其他}. \end{cases}$$

式中:$G[f(x,y)]$ 是 $f(x,y)$ 在 (x,y) 处的梯度;T 是非负的阈值。

(1) 比较原始图像和增强图像,看哪些地方得到了增强;

(2) 改变阈值 T 的数值,看对增强效果有哪些影响。

解 变换的 Matlab 程序如下:

```
clc, clear, T = 20; % T 为增强时的阈值
a = imread('fengmian.bmp');
h = [1 2 1; 2 4 2; 1 2 1]/16;
b = imfilter(a,h);
subplot(1,3,1), imshow(a),title('原图像')
subplot(1,3,2), imshow(b), title('滤波后的图像')
b = double(b); % 必须转化为 double 类型才能做梯度运算
[bx,by] = gradient(b); dxy = (bx.^2 + by.^2).^(1/2);
dxy = uint8(dxy); c = uint8(b); % 把 double 类型数据转化为 uint8 类型图像数据
c(dxy > T) = dxy(dxy > T); % 进行增减变换
subplot(1,3,3), imshow(c), title('增强后的图像')
```

图像的变换效果如图 13.3 所示,通过变换效果图可以看到,文字部分得到了增强。

图 13.3 图像变换效果图

补 充 习 题

13.6 计算图片文件 tu.bmp 给出的两个圆 A、B 的圆心。

解 计算 A 圆的圆心坐标。这里不给出算法,直接使用 Matlab 软件求得 A 圆的圆心坐标为 (109.7516, 86.7495),圆的半径为 80.5。

计算的 Matlab 程序如下：
```
clc,clear
I = imread('tu.bmp');    % 读取图像
[m,n] = size(I)    % 计算图像的大小
BW = im2bw(I);    % 转化成二进制图像
% imshow(BW)
BW(:,200:512) = 1;  % 盖住第 2 个圆
figure,imshow(BW)
ed = edge(BW);  % 提出边界
[y,x] = find(ed);  % 求边界点的坐标
x0 = mean(x),y0 = mean(y)    % 计算圆心的坐标
r1 = max(x) - min(x) + 1,r2 = max(y) - min(y) + 1
r = (r1 + r2)/2     % 计算圆的直径
```

计算得到 B 圆的圆心坐标为(334.0943,245.7547)，圆的半径为 80.75。计算的 Matlab 程序如下：
```
clc,clear
I = imread('tu.bmp');    % 读取图像
BW = im2bw(I);    % 转化成二进制图像
BW(:,1:200) = 1;  % 盖住 A 圆
imshow(BW)
ed = edge(BW);  % 提出边界
[y,x] = find(ed);  % 求边界点的坐标
x0 = mean(x),y0 = mean(y)    % 计算圆心的坐标
r1 = max(x) - min(x),r2 = max(y) - min(y)
r = (r1 + r2)/4     % 计算圆的半径
```

注：也可以利用 Matlab 的内置函数直接计算圆的圆心和半径。求得 A 圆的圆心与编程计算结果是一样的，计算的 Matlab 程序如下：
```
clc,clear
I = imread('tu.bmp');
BW = im2bw(I,0.9);    % 转化成二进制图像
BW(:,200:512) = 1;     % 盖住 B 圆
ed = edge(BW); % 提出 A 圆的边界
stat1 = regionprops(ed,'all')   % 提出 A 圆所在图像的特征
center = stat1.Centroid    % 提出 A 圆的圆心
xy = stat1.BoundingBox     % 提出 A 圆所在的盒子
r = sum(xy(3:4))/4      % 计算 A 圆的半径
```

13.7 生成一个 10 个数据的随机向量，绘制对应的直方图，并把画出的图形保存为 jpg 文件。

解 Matlab 程序如下：
```
clc,clear
x = rand(1,10); bar(x);
h = getframe(gcf); imwrite(h.cdata,'my.jpg')
```

第 14 章 综合评价与决策方法习题解答

14.1 1989 年度西山矿务局 5 个生产矿井实际资料如表 14.1 所列,对西山矿务局五个生产矿井 1989 年的企业经济效益进行综合评价。

表 14.1 1989 年度西山矿务局 5 个生产矿井技术经济指标实现值

指标	白家庄矿	杜尔坪矿	西铭矿	官地矿	西曲矿
原煤成本	99.89	103.69	97.42	101.11	97.21
原煤利润	96.91	124.78	66.44	143.96	88.36
原煤产量	102.63	101.85	104.39	100.94	100.64
原煤销售量	98.47	103.16	109.17	104.39	91.90
商品煤灰分	87.51	90.27	93.77	94.33	85.21
全员效率	108.35	106.39	142.35	121.91	158.61
流动资金周转天数	71.67	137.16	97.65	171.31	204.52
资源回收率	103.25	100	100	99.13	100.22
百万吨死亡率	171.2	51.35	15.90	53.72	20.78

解 用 $x_1,\cdots,x_9$ 分别表示评价的指标变量原煤成本、原煤利润、原煤产量、原煤销售量、商品煤灰分、全员效率、流动资金周转天数、资源回收率、百万吨死亡率。其中 x_1,x_5,x_7,x_9 是成本型指标,其余变量是效益型指标。

这里评价对象有 5 个,分别是白家庄矿、杜尔坪矿、西铭矿、官地矿、西曲矿,第 i 个评价对象关于第 j 个指标变量 x_j 的取值记为 a_{ij},对应的数据矩阵 $A=(a_{ij})_{5\times 9}$。我们使用 TOPSIS 方法进行评价,评价的步骤如下。

(1) 对数据进行标准化,成本指标的标准化公式为

$$\tilde{x}_j = \frac{x_j^{\max} - x_j}{x_j^{\max} - x_j^{\min}}, \quad j=1,5,7,9,$$

效益指标的标准化公式为

$$\tilde{x}_j = \frac{x_j - x_j^{\min}}{x_j^{\max} - x_j^{\min}}, \quad j=2,3,4,6,8.$$

式中:$x_j^{\max}$ 是第 j 个指标变量取值的最大值;$x_j^{\min}$ 是第 j 个指标变量取值的最小值。

标准化的数据矩阵记为 $B=(b_{ij})_{5\times 9}$。

(2) 求正理想解 C^* 和负理想解 C^0。设正理想解 C^* 的第 j 个指标值为 c_j^*,负理想解 C^0 第 j 个指标值为 c_j^0,则

$$\text{正理想解 } c_j^* = \max_{1\leq i\leq 5} b_{ij}, j=1,2,\cdots,9,$$

负理想解 $c_j^0 = \min\limits_{1 \leq i \leq 5} b_{ij}, j = 1, 2, \cdots, 9.$

(3) 计算各评价对象到正理想解与负理想解的距离。

第 i 个评价对象到正理想解的距离为

$$d_i^* = \sqrt{\sum_{j=1}^{9} (b_{ij} - c_j^*)^2}, i = 1, 2, \cdots, 5,$$

第 i 个评价对象到负理想解的距离为

$$d_i^0 = \sqrt{\sum_{j=1}^{n} (b_{ij} - c_j^0)^2}, i = 1, 2, \cdots, 5.$$

(4) 计算各方案的排队指标值(即综合评价值)

$$f_i^* = d_i^0 / (d_i^0 + d_i^*), i = 1, 2, \cdots, 5.$$

(5) 按 f_i^* 由大到小排列方案的优劣次序。

利用 Matlab 程序计算得到的综合评价值如表 14.2 所列。综合排名次序依次为西铭矿、白家庄矿、西曲矿、杜尔坪矿、官地矿。

表 14.2 评价的指标值

	白家庄矿	杜尔坪矿	西铭矿	官地矿	西曲矿
d_i^*	1.7702	1.9663	1.6246	2.0979	2.014
d_i^0	1.8669	1.4802	2.2596	1.5528	2.0219
f_i^*	0.5133	0.4295	0.5817	0.4253	0.501

计算的 Matlab 程序如下:

```
clc, clear
a = load('data141.txt');
a = a';
[m,n] = size(a);
for j = [1 5 7 9]
    b(:,j) = (max(a(:,j)) - a(:,j))/(max(a(:,j)) - min(a(:,j)));
end
for j = [2:4,6,8]
    b(:,j) = (a(:,j) - min(a(:,j)))/(max(a(:,j)) - min(a(:,j)));
end
cstar = max(b); c0 = min(b);
for i = 1:m
    dstar(i) = norm(b(i,:) - cstar);  % q 求到正理想解的距离
    d0(i) = norm(b(i,:) - c0);        % 求到负理想的距离
end
f = d0./(dstar + d0);
[sf,ind] = sort(f,'descend')          % 求排序结果
xlswrite('book.xls',[dstar;d0;f])     % 把计算结果写到 Excel 文件便于 word 文件中使用
```

补充习题

14.2 已知经管、汽车、信息、材化、计算机、土建、机械学院 7 个学院学生 4 门基础课（数学、物理、英语、计算机）的平均成绩如表 14.3 所列。试用模糊聚类分析方法对学生成绩进行评价。

表 14.3 基础课平均成绩表

	经管	汽车	信息	材化	计算机	土建	机械
数学	62.03	62.48	78.52	72.12	74.18	73.95	66.83
物理	59.47	63.70	72.38	73.28	67.07	68.32	76.04
英语	68.17	61.04	75.17	77.68	67.74	70.09	76.87
计算机	72.45	68.17	74.65	70.77	70.43	68.73	73.18

解 用 $i=1,2,3,4$ 分别表示数学、物理、英语、计算机 4 门基础课，$j=1,\cdots,7$ 分别表示经管、汽车、信息、材化、计算机、土建、机械学院 7 个学院，a_{ij} 表示第 j 个学院第 i 门基础课的平均成绩。

（1）数据标准化。采用极差变换

$$b_{ij} = \frac{a_{ij} - a_{i\min}}{a_{i\max} - a_{i\min}}.$$

式中：$a_{i\min}$ 和 $a_{i\max}$ 分别表示第 i 门基础课平均成绩的最小值和最大值；b_{ij} 为第 j 个学院第 i 门基础课平均成绩的标准化数值。

按上述公式计算得到 7 个学院四门基础课成绩指标的标准化数据如表 14.4 所列。

表 14.4 平均成绩的标准化数据

	经管	汽车	信息	材化	计算机	土建	机械
数学	0	0.0273	1	0.6119	0.7368	0.7229	0.2911
物理	0	0.2553	0.7791	0.8334	0.4587	0.5341	1
英语	0.4285	0	0.8492	1	0.4026	0.5439	0.9513
计算机	0.6605	0	1	0.4012	0.3488	0.0864	0.7731

（2）用最大最小法建立相似矩阵。根据标准化数据建立各学院之间四门基础课成绩指标的相似关系矩阵 $\boldsymbol{R} = (r_{ij})_{7 \times 7}$。采用最大最小法来计算 r_{jk}，其计算公式为

$$r_{jk} = \frac{\sum_{i=1}^{4} \min(b_{ij}, b_{ik})}{\sum_{i=1}^{4} \max(b_{ij}, b_{ik})},$$

将表 14.4 中标准化数据代入上述公式，可计算得到 7 个学院 4 门基础课成绩指标的相似关系矩阵如表 14.5 所列。

表14.5 相似关系矩阵

	经管	汽车	信息	材化	计算机	土建	机械
经管	1	0	0.3001	0.2672	0.3289	0.2092	0.3611
汽车	0	1	0.0779	0.0993	0.1451	0.1497	0.0937
信息	0.3001	0.0779	1	0.689	0.5366	0.5202	0.6814
材化	0.2672	0.0993	0.689	1	0.6131	0.6006	0.7318
计算机	0.3289	0.1451	0.5366	0.6131	1	0.7722	0.4337
土建	0.2092	0.1497	0.5202	0.6006	0.7722	1	0.4222
机械	0.3611	0.0937	0.6814	0.7318	0.4337	0.4222	1

（3）改造相似关系为等价关系。矩阵 R 满足自反性和对称性，但不具有传递性，为求等价矩阵，要对 R 进行改造，只需求其传递闭包。由平方法可求得传递闭包 $\hat{R}=R^4$，其具体数据如表14.6所列。

表14.6 传递闭包矩阵

1	0.1497	0.3611	0.3611	0.3611	0.3611	0.3611
0.1497	1	0.1497	0.1497	0.1497	0.1497	0.1497
0.3611	0.1497	1	0.689	0.6131	0.6131	0.689
0.3611	0.1497	0.689	1	0.6131	0.6131	0.7318
0.3611	0.1497	0.6131	0.6131	1	0.7722	0.6131
0.3611	0.1497	0.6131	0.6131	0.7722	1	0.6131
0.3611	0.1497	0.689	0.7318	0.6131	0.6131	1

（4）聚类结果。传递闭包 $\hat{R}=R^4$ 就是模糊等价关系矩阵。利用 $\hat{R}$ 可对7个学院进行聚类分析。记 $\hat{R}=(\hat{r}_{jk})_{7\times7}$，构造 $\hat{R}$ 的 λ 截矩阵 $R_\lambda=(R_\lambda(j,k))_{7\times7}$，其中

$$R_\lambda(j,k) = \begin{cases} 1, & \text{当 } \hat{r}_{jk} \geq \lambda, \\ 0, & \text{当 } \hat{r}_{jk} < \lambda. \end{cases}$$

令 λ 由1降至0，写出 R_λ，按 R_λ 进行分类，元素 i 与 j 归为同一类的条件是

$$R_\lambda(j,k) = 1, i,j = 1,2,\cdots,7.$$

聚类结果如下：

① 当 $1 \geq \lambda > 0.7722$ 时，将7个学院分为7类：{经管}，{汽车}，{信息}，{材化}，{计算机}，{土建}，{机械}。

② 当 $0.7722 \geq \lambda > 0.7318$ 时，将7个学院分为6类，{经管}，{汽车}，{信息}，{材化}，{计算机,土建}，{机械}。

③ 当 $0.7318 \geq \lambda > 0.6890$ 时，将7个学院分为5类，{经管}，{汽车}，{信息}，{材化,机械}，{计算机,土建}。

④ 当 $0.6890 \geq \lambda > 0.6131$ 时，将7个学院分为4类，{经管}，{汽车}，{信息,材化,机械}，{计算机,土建}。

⑤ 当 $0.6131 \geq \lambda > 0.3611$ 时，将7个学院分为3类，{经管}，{汽车}，{信息,材化,

机械,计算机,土建}。

⑥ 当 $0.3611 \geq \lambda > 0.1497$ 时,将 7 个学院分为 2 类,{汽车},{经管,信息,材化,机械,计算机,土建}。

⑦ 当 $0.1497 \geq \lambda \geq 0$ 时,将 7 个学院分为 1 类,{经管,汽车,信息,材化,机械,计算机,土建}。

按不同的置信水平对 7 个学院进行模糊聚类,将会得到不同的分类结果,聚类图如图 14.1 所示。

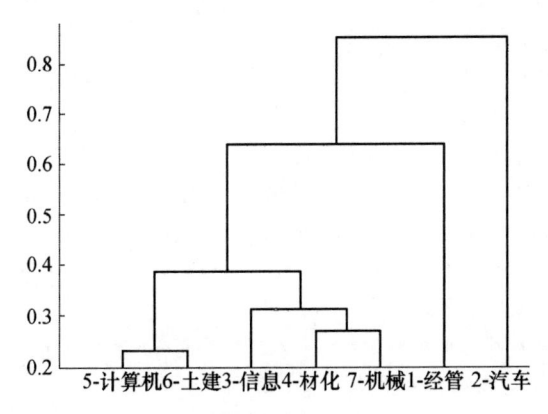

图 14.1 聚类结果图

学院成绩的聚类利于学院成绩的比较、排队。通过对 7 个学院 4 门基础课成绩所做的分析,可以了解到信息、材化和机械这三个学院的学生成绩较高,计算机和土建这两个学院的学生成绩一般,经营和汽车学院的学生成绩稍差一些。

计算的 Matlab 程序如下:

```
function eti14_2
a = [62.03  62.48  78.52  72.12  74.18  73.95  66.83
59.47  63.70  72.38  73.28  67.07  68.32  76.04
68.17  61.04  75.17  77.68  67.74  70.09  76.87
72.45  68.17  74.65  70.77  70.43  68.73  73.18];
jz = mean(a) % 求各学院学生成绩的平均值
[m,n] = size(a); % 求矩阵的行数和列数
amin = min(a,[],2); % 计算每一行的最小值
amax = max(a,[],2); % 计算每一行的最大值
b = (a - repmat(amin,[1,7]))./repmat(amax - amin,[1,7]) % 进行极差标准化
xlswrite('bookex1.xls',b) % 把数据保存到 Excel 文件中,便于做表使用
for i = 1:n
    for j = 1:n
        c(i,j) = sum(min([b(:,i)';b(:,j)']))/sum(max([b(:,i)';b(:,j)']));
    end
end
xlswrite('bookex1.xls',c,'Sheet2')
c % 显示相似矩阵
c1 = hecheng(c) % 进行一次合成运算
```

```matlab
c1 = hecheng(c1)
c1 = hecheng(c1)
xlswrite('bookex1.xls',c1,'Sheet3')
ur = union(c1(:),[]);  % 求等价矩阵中的所有不同元素
ur = sort(ur,'descend')  % 把等价矩阵中的元素按照从大到小排列
R2 = (c1 >= ur(2))  % 求关于ur(2)的lamda截矩阵
R3 = (c1 >= ur(3))
R4 = (c1 >= ur(4))
R5 = (c1 >= ur(5))
R6 = (c1 >= ur(6))
c2 = 1 - c1; c2 = tril(c2);
c2 = nonzeros(c2); c2 = c2';  % 计算距离
S = {'1-经管','2-汽车','3-信息','4-材化','5-计算机','6-土建','7-机械'};
z = linkage(c2); dendrogram(z,'label',S)  % 画聚类图
%****************************************
% 以下是模糊矩阵合成的子函数
%****************************************
function rhat = hecheng(r);  % 定义矩阵合成的子函数
k = length(r);
for i = 1:k
    for j = 1:k
        rhat(i,j) = max(min([r(i,:);r(:,j)']));
    end

end
```

第15章 预测方法习题解答

15.1 某地区用水管理机构需要对居民的用水速度(单位时间的用水量)和日总用水量进行估计。现有一居民区,其自来水是由一个圆柱形水塔提供,水塔高12.2m,塔的直径为17.4m。水塔是由水泵根据水塔中的水位自动加水。按照设计,当水塔中的水位降至最低水位,约8.2m时,水泵自动启动加水;当水位升高到最高水位,约10.8m时,水泵停止工作。

表15.1给出的是28个时刻的数据,但由于水泵正向水塔供水,有4个时刻无法测到水位(表15.1中为—)。

表15.1 水塔中水位原始数据

时刻(t)/h	0	0.92	1.84	2.95	3.87	4.98	5.90
水位/m	9.68	9.48	9.31	9.13	8.98	8.81	8.69
时刻(t)/h	7.01	7.93	8.97	9.98	10.92	10.95	12.03
水位/m	8.52	8.39	8.22	—	—	10.82	10.5
时刻(t)/h	12.95	13.88	14.98	15.9	16.83	17.93	19.04
水位/m	10.21	9.94	9.65	9.41	9.18	8.92	8.66
时刻(t)/h	19.96	20.84	22.01	22.96	23.88	24.99	25.91
水位/m	8.43	8.22	—	—	10.59	10.35	10.18

试建立数学模型,来估计居民的用水速度和日总用水量。

解 (1)插值法。要估计在任意时刻(包括水泵灌水期间)t居民的用水速度和日总用水量,分如下三步。

① 水塔中水的体积的计算。计算水的流量,首先需要计算出水塔中水的体积,即

$$V = \frac{\pi}{4}D^2 h.$$

式中:D为水塔的直径;h为水塔中的水位高度。

② 水塔中水流速度的估计。居民的用水速度就是水塔中的水流速度,水流速度应该是水塔中水的体积对时间的导数,但由于没有每一时刻水体积的具体数学表达式,只能用差商近似导数。

由于在两个时段,水泵向水塔供水,无法确定水位的高度,因此在计算水塔中水流速度时要分三段计算。第一段从0h到8.97h,第二时段从10.95h到20.84h,第三段从23.88h到25.91h。

上面计算仅给出流速的离散值,如果需要得到流速的连续型曲线,需要作插值处理,这里可以使用三次样条插值。

③ 日总用水量的计算。日用水是对水流速度作积分,其积分区间是[0,24],可以采用数值积分的方法计算。

用 Matlab 软件计算时,首先把原始数据粘贴到纯文本文件 data151 中,并且把"−"替换为数值 −1。计算的 Matlab 程序如下：

```
clc, clear
a = load('data151.txt');
t0 = a([1:2:end],:); t0 = t0'; t0 = t0(:); % 提出时间数据,并展开成列向量
h0 = a([2:2:end],:); h0 = h0'; h0 = h0(:); % 提出高度数据,并展开成列向量
D = 17.4;
V = pi/4*D^2*h0; % 计算各时刻的体积
dv = gradient(V,t0); % 计算各时刻的数值导数(导数近似值)
no1 = find(h0 == -1) % 找出原始无效数据的地址
no2 = [no1(1)-1:no1(2)+1,no1(3)-1:no1(4)+1] % 找出导数数据的无效地址
t = t0; t(no2) = [ ]; % 删除导数数据无效地址对应的时间
dv2 = -dv; dv2(no2) = [ ]; % 给出各时刻的流速
plot(t,dv2,'*') % 画出流速的散点图
pp = csape(t,dv2); % 对流速进行插值
tt = 0:0.1:t(end); % 给出插值点
fdv = ppval(pp,tt); % 计算各插值点的流速值
hold on, plot(tt,fdv) % 画出插值曲线
I = trapz(tt(1:241),fdv(1:241)) % 计算24h内总流量的数值积分
```

画出的流速图如图 15.1 所示。求得的日用水总量为 1248.3m³。

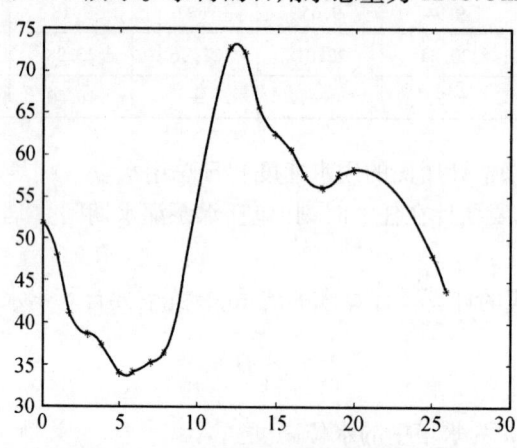

图 15.1 流速的散点图和样条插值函数图

(2) 拟合法。要估计在任意时刻(包括水泵灌水期间)t 居民的用水速度和日总用水量,分如下三步。

① 水塔中水的体积的计算。计算水的流量,首先需要计算出水塔中水的体积,即

$$V = \frac{\pi}{4}D^2 h.$$

式中:D 为水塔的直径;h 为水塔中的水位高度。

② 水塔中水流速度的估计。居民的用水速度就是水塔中的水流速度，水流速度应该是水塔中水的体积对时间的导数，但由于没有每一时刻水体积的具体数学表达式，只能用差商近似导数。

由于在两个时段，水泵向水塔供水，无法确定水位的高度，因此在计算水塔中水流速度时要分三段计算。第一段从 0h 到 8.97h，第二时段从 10.95h 到 20.84h，第三段从 23.88h 到 25.91h。

上面计算仅给出流速的离散值，流速的散点图见图 15.2 中的"*"点。如果需要得到流速的连续型曲线，可以拟合多项式曲线，原始数据总共有 28 个观测值，其中 4 个无效数据。图 15.2 中总共有 20 个数据点，这里我们分三段进行三次多项式拟合，应用前 6 个数据点拟合三次多项式，即在时间区间[0, 4.98]上拟合三次多项式；应用第 6 个数据点到第 10 个数据点，即在时间区间[4.98, 12.03]，拟合第二个三次多项式；应用第 10 个数据点到第 20 个数据点，总共 11 数据点，即在时间区间[12.03, 25.91]，拟合第三个三次多项式。拟合得到的分段三次多项式曲线如图 15.2 所示。

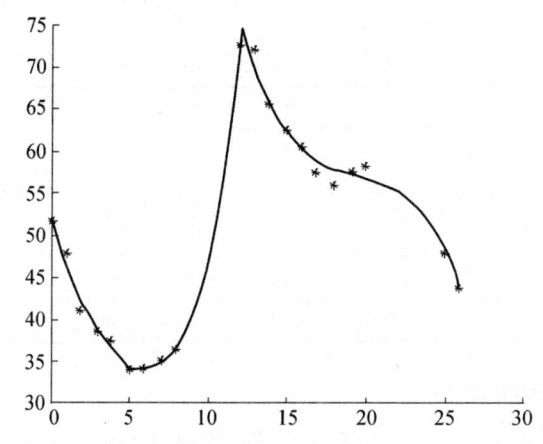

图 15.2　流速数据的散点图及拟合的分段三次多项式曲线

③ 日总用水量的计算。日用水是对水流速度作积分，其积分区间是[0,24]，可以采用数值积分的方法计算。

这里求得的日总用水量为 1221.8 m³。

计算的 Matlab 程序如下：

```
clc, clear
a = load('data151.txt');
t0 = a([1:2:end],:); t0 = t0'; t0 = t0(:);    % 提出时间数据，并展开成列向量
h0 = a([2:2:end],:); h0 = h0'; h0 = h0(:);    % 提出高度数据，并展开成列向量
D = 17.4;
V = pi/4 * D^2 * h0;   % 计算各时刻的体积
dv = gradient(V,t0);   % 计算各时刻的数值导数(导数近似值)
no1 = find(h0 = = -1)  % 找出原始无效数据的地址
no2 = [no1(1) -1:no1(2) +1,no1(3) -1:no1(4) +1]  % 找出导数数据的无效地址
t = t0; t(no2) = [];   % 删除导数数据无效地址对应的时间
dv2 = -dv; dv2(no2) = [];   % 给出各时刻的流速
```

```
hold on, plot(t,dv2,'*') % 画出流速的散点图
a1 = polyfit(t(1:6),dv2(1:6),3); % 拟合第一个多项式的系数
a2 = polyfit(t(6:10),dv2(6:10),3); % 拟合第二个多项式的系数
a3 = polyfit(t(10:20),dv2(10:20),3); % 拟合第三个多项式的系数
dvf1 = polyval(a1,[t(1):0.1:t(6)]); % 计算第一个多项式的函数值
dvf2 = polyval(a2,[t(6):0.1:t(10)]); % 计算第二个多项式的函数值
dvf3 = polyval(a3,[t(10):0.1:t(end)]); % 计算第三个多项式的函数值
tt = t(1):0.1:t(end); dvf = [dvf1,dvf2,dvf3];
plot(tt,dvf) % 画出拟合的三个分段多项式曲线
I = trapz(tt(1:241),dvf(1:241)) % 计算 24 小时内总流量的数值积分
```

15.2 已知兰彻斯特的游击战争模型如下：

$$\begin{cases} \dot{x}(t) = -cxy - \alpha x, \\ \dot{y}(t) = -dxy - \beta y, \end{cases}$$

其中：参数 c,d,α,β 的值未知，现在有连续 20 天的观测数据如表 15.2 所列，拟合参数 c, d,α,β。

表 15.2 观测数据表

t	1	2	3	4	5	6	7	8	9	10
x	1500	1400	1320	1100	1000	950	880	800	700	680
y	1200	1120	1080	1060	980	930	870	790	680	670
t	11	12	13	14	15	16	17	18	19	20
x	620	600	570	520	500	450	440	420	400	390
y	600	590	560	500	480	420	400	370	350	330

解 微分方程对应的差分方程为

$$\begin{cases} x(k+1) - x(k) = -cx(k)y(k) - \alpha x(k), \\ y(k+1) - y(k) = -dx(k)y(k) - \beta y(k), \end{cases} k = 1,2,\cdots,19,$$

可以改写成

$$\begin{bmatrix} -x(k)y(k) & -x(k) & 0 & 0 \\ 0 & 0 & -x(k)y(k) & -y(k) \end{bmatrix} \begin{bmatrix} c \\ \alpha \\ d \\ \beta \end{bmatrix}$$

$$= \begin{bmatrix} x(k+1) - x(k) \\ y(k+1) - y(k) \end{bmatrix}, k = 1,2,\cdots,19.$$

上述所有的差分方程可以写成矩阵格式，即

$$\begin{bmatrix} -x(1)y(1) & -x(1) & 0 & 0 \\ \vdots & \vdots & \vdots & \vdots \\ -x(19)y(19) & -x(19) & 0 & 0 \\ 0 & 0 & -x(1)y(1) & -y(1) \\ \vdots & \vdots & \vdots & \vdots \\ 0 & 0 & -x(19)y(19) & -y(19) \end{bmatrix} \begin{bmatrix} c \\ \alpha \\ d \\ \beta \end{bmatrix} = \begin{bmatrix} x(2) - x(1) \\ \vdots \\ x(20) - x(19) \\ y(2) - y(1) \\ \vdots \\ y(20) - y(19) \end{bmatrix}.$$

利用最小最小二乘法,求得 $c=0, \alpha=0.0389, d=0, \beta=0.0921$。

拟合的 Matlab 程序如下:

```
clc,clear
a = [1500  1400  1320  1100  1000  950  880  800  700  680
     1200  1120  1080  1060  980   930  870  790  680  670
     11    12    13    14    15    16   17   18   19   20
     620   600   570   520   500   450  440  420  400  390
     600   590   560   500   480   420  400  370  350  330];
x = a([1,4],:); x = x'; x = x(:);
y = a([2,5],:); y = y'; y = y(:);
dx = diff(x); % 求一阶向前差分
dy = diff(y);
temp = x(1:end-1).*y(1:end-1); % 构造分块矩阵的子矩阵
a = [-temp  -x(1:end-1) zeros(19,2);zeros(19,2), -temp  -y(1:end-1)];
b = [dx;dy];
solution = a\b
```

补 充 习 题

15.3 有一块一定面积的草场放牧羊群,管理者要估计草场能放牧多少羊,每年保留多少母羊羔,夏季要贮藏多少草供冬季之用。

为解决这些问题,调查了如下的背景资料:

(1) 本地环境下这一品种草的日生长率如表 15.3 所列。

表 15.3

季节	冬	春	夏	秋
日生长率/(g/m^2)	0	3	7	4

(2) 羊的繁殖率。通常母羊每年产 1 只~3 只羊羔,5 岁后被卖掉。为保持羊群的规模可以买进羊羔,或者保留一定数量的母羊。每只母羊的平均繁殖率如表 15.4 所列。

表 15.4

年龄	0~1	1~2	2~3	3~4	4~5
产羊羔数	0	1.8	2.4	2.0	1.8

（3）羊的存活率。不同年龄的母羊的自然存活率（指存活一年）如表 15.5 所列。

表 15.5

年龄	1~2	2~3	3~4
存活率	0.98	0.95	0.80

（4）草的需求量。母羊和羊羔在各个季节每天需要的草的数量（单位：kg）如表 15.6 所列。

表 15.6

季节	冬	春	夏	秋
母羊	2.10	2.40	1.15	1.35
羊羔	0	1.00	1.65	0

注：只关心羊的数量，而不管它们的重量。一般在春季产羊羔，秋季将全部公羊和一部分母羊卖掉，保持羊群数量不变。

解 用 $x = [x_1, x_2, x_3, x_4, x_5]^T$ 表示母羊按年龄 0~1,1~2,2~3,3~4,4~5 的概率分布向量，这里 $x_i \geq 0$，$\sum_{i=1}^{5} x_i = 1$，由母羊的繁殖率和存活率可得种群数量的转移矩阵为

$$P = \begin{bmatrix} 0 & 1.8 & 2.4 & 2.0 & 1.8 \\ q & & & & \\ & 0.98 & & & \\ & & 0.95 & & \\ & & & 0.80 & \end{bmatrix}$$

其中空白处为 0，q 是 0 岁~1 岁（即羊羔）的存活率，可以控制。为保持羊群数量 N 不变，需满足 $x = Px$，由此得

$$q = 0.1398, \quad x = [0.6618, 0.0925, 0.0907, 0.0861, 0.0689],$$

可知当 N 不变时每年产羊羔数量为 $0.6618N$，秋冬季存活的母羊数量为 $0.3382N$。

计算的 Lingo 程序如下：

```
model:
sets:
var/1..5/:x;
link(var,var):P;
endsets
data:
P = 0 1.8 2.4 2.0 1.8,
 ,0 0 0 0          !第 2 行第 1 列的数据是未知的；
0 0.98 0 0 0
0 0 0.95 0 0
0 0 0 0.80 0;
enddata
```

```
@for(var(i):x(i) = @sum(var(j):P(i,j)*x(j)));
@sum(var:x) =1;
end
```

设草场面积为 $S(\mathrm{m}^2)$，根据各个季节草的需求量(kg)和生长率，应有

冬季　$2.1 \times 0.3382N = 0.7102N$,

春季　$0.6618N + 2.4 \times 0.3382N = 1.4735N < 0.003S$,

夏季　$1.65 \times 0.6618N + 1.15 \times 0.3382N = 1.4809N < 0.007S$,

秋季　$1.35 \times 0.3382N = 0.4566N < 0.004S$.

可以算出，只要春季满足 $N/S < 0.002$（每平方米草地羊的数量），夏季和秋季都不成问题。若夏季贮藏草 $y\mathrm{kg/m}^2$，保存到冬季用，则需有 $1.4809N/S < 0.007 - y$，其中 N/S 以春季需满足的数值代入，可得 $y < 0.004\mathrm{kg/m}^2$，而冬季的需求量是 $0.7102 \times 0.002 = 0.0014 \mathrm{kg/m}^2$，故夏季的贮藏足够冬季之用。

15.4　某商品的生产需要甲、乙两种原料，产品利润以及甲、乙两种原料的市场供给等数据如表 15.7 所列，试预测 2004 年甲的供应量为 400kg，乙的供应量为 500kg 时的产品利润(要求建立灰色 $\mathrm{GM}(1,N)$)。

表 15.7　原 始 数 据 表

年度	1990	2000	2001	2002	2003
i	1	2	3	4	5
产品利润/元	4383	7625	10500	11316	17818
甲原料/kg	83	131	180	195	306
乙原料/kg	146	212	233	259	404

解　$\mathrm{GM}(1,1)$ 模型表示一阶的，一个变量的微分方程预测模型。$\mathrm{GM}(1,N)$ 模型，表示一阶的，N 个变量的微分方程预测模型，用于某个预测对象与 $N-1$ 个因素有关系的时间序列预测。

这里有 3 个变量 x_1,x_2,x_3，其中 x_1 表示利润（预测对象），x_2,x_3 分别表示甲原料和乙原料的量，每个变量都有 5 个相互对应的历史数据，于是形成了 3 个原始数列：

$$x_1^{(0)} = (x_1^{(0)}(1),x_1^{(0)}(2),x_1^{(0)}(3),x_1^{(0)}(4),x_1^{(0)}(5)),$$
$$x_2^{(0)} = (x_2^{(0)}(1),x_2^{(0)}(2),x_2^{(0)}(3),x_2^{(0)}(4),x_2^{(0)}(5)),$$
$$x_3^{(0)} = (x_3^{(0)}(1),x_3^{(0)}(2),x_3^{(0)}(3),x_3^{(0)}(4),x_3^{(0)}(5)).$$

记 $x_i^{(1)}(i=1,2,3)$ 为 $x_i^{(0)}$ 为累加生成数列，这里

$$x_1^{(1)} = (4383,12008,22508,33824,51642),$$
$$x_2^{(1)} = (83,214,394,589,895),$$
$$x_3^{(1)} = (146,358,591,850,1254).$$

$x_1^{(1)}$ 的紧邻均值生成序列

$$z_1^{(1)} = (z_1^{(1)}(2),z_1^{(1)}(3),z_1^{(1)}(4),z_1^{(1)}(4))$$
$$= (8195.5,17258,28166,42733),$$

于是有

$$B = \begin{bmatrix} -z_1^{(1)}(2) & x_2^{(1)}(2) & x_3^{(1)}(2) \\ -z_1^{(1)}(3) & x_2^{(1)}(3) & x_3^{(1)}(3) \\ -z_1^{(1)}(4) & x_2^{(1)}(4) & x_3^{(1)}(4) \\ -z_1^{(1)}(5) & x_2^{(1)}(5) & x_3^{(1)}(5) \end{bmatrix} = \begin{bmatrix} -8195.5 & 214 & 358 \\ -17258 & 394 & 591 \\ -28166 & 589 & 850 \\ -42733 & 895 & 1254 \end{bmatrix},$$

$$Y = (x_1^{(0)}(2), x_1^{(0)}(3), x_1^{(0)}(4), x_1^{(0)}(5))^T,$$

所以

$$\hat{u} = \begin{bmatrix} a \\ b_2 \\ b_3 \end{bmatrix} = (B^T B)^{-1} B^T Y = \begin{bmatrix} 2.0357 \\ 135.2594 \\ -12.9571 \end{bmatrix},$$

得估计模型

$$\frac{dx_1^{(1)}}{dt} + 2.0357 x_1^{(1)} = 135.2594 x_2^{(1)} - 12.9571 x_3^{(1)},$$

及近似时间响应式

$$\hat{x}_1^{(1)}(k+1) = \left(x_1^{(0)}(1) - \frac{b_2}{a} x_2^{(1)}(k+1) - \frac{b_3}{a} x_3^{(1)}(k+1) \right) e^{-ak}$$
$$\quad + \frac{b_2}{a} x_2^{(1)}(k+1) + \frac{b_3}{a} x_3^{(1)}(k+1)$$
$$= (4383 - 66.4434 x_2^{(1)}(k+1) + 6.3649 x_3^{(1)}(k+1)) e^{-2.0357k}$$
$$\quad + 66.4434 x_2^{(1)}(k+1) - 6.3649 x_3^{(1)}(k+1).$$

求解结果略。预测结果为 23405.94 元。

计算的 Matlab 程序如下：

```
clc, clear
format long g
x0 = [4383   7625   10500   11316   17818
      83     131    180     195     306
      146    212    233     259     404];
[m,n] = size(x0);
x1_d = cumsum(x0,2)
x11 = x1_d(1,:)
z11 = 0.5*(x11(1:end-1)+x11(2:end))
b = [-z11', x1_d(2,2:end)', x1_d(3,2:end)']
y = x0(1,2:end)'
u = b\y
x1 = dsolve('Dx1+a*x1=b2*x2+b3*x3','x1(0)=x10')
x1 = subs(x1,{'a','b2','b3','x10'},{u(1),u(2),u(3),x0(1,1)})
x1_s = vpa(x1,7), x1_s = simple(x1_s)  % 显示时间响应式
```

```
x20 = [x0(2,:),400];
x30 = [x0(3,:),500];
x21 = cumsum(x20); x31 = cumsum(x30);
x1 = subs(x1,{'t','x2','x3'},{[0:n],x21,x31})  % 计算预测值
x10hat = [x1(1),diff(x1)]  % 还原到原始数据
epsilon = x0(1,:) - x10hat(1:end-1)  % 计算残差
delta = abs(epsilon./x0(1,:))  % 计算相对误差
xhat = x10hat(end)
```

参 考 文 献

[1] 胡运权.运筹学习题集(第三版).北京:清华大学出版社,2002.
[2] 姜启源,谢金星,叶俊.数学建模(第三版)习题参考解答.北京:高等教育出版社,2002.
[3] 齐欢.数学模型方法.武汉:华中理工大学出版社,2005.
[4] 董雪.障碍 Voronoi 图性质及其应用研究[D].哈尔滨:哈尔滨理工大学,2011.
[5] 谢金星,薛毅.优化建模与 LINDO/LINGO 软件.北京:清华大学出版社,2005.
[6] 李工农,阮晓青,徐晨.经济预测与决策及其 MATLAB 实现.北京:清华大学出版社,2007.